"매일 성장하는 **초등 자기개발서**"

Q 왜 공부력을 키워야 할까요?

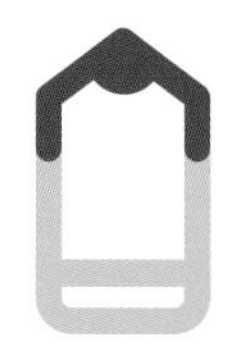

쓰기력

정확한 의사소통의 기본기이며 논리의 바탕

연필을 잡고 종이에 쓰는 것을 괴로워한다!
맞춤법을 몰라 정확한 쓰기를 못한다!
말은 잘하지만 조리 있게 쓰는 것이 어렵다!
그래서 글쓰기의 기본 규칙을 정확히 알고
써야 공부 능력이 향상됩니다.

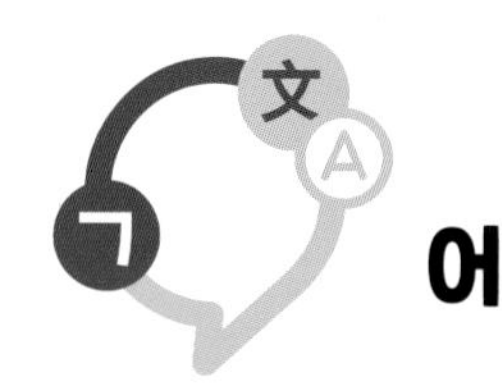

어휘력

교과 내용 이해와 독해력의 기본 바탕

어휘를 몰라서 수학 문제를 못 푼다!
어휘를 몰라서 사회, 과학 내용 이해가 안 된다!
어휘를 몰라서 수업 내용을 따라가기 어렵다!
그래서 교과 내용 이해의 기본 바탕을
다지기 위해 어휘 학습을 해야 합니다.

독해력

모든 교과 실력 향상의 기본 바탕

글을 읽었지만 무슨 내용인지 모른다!
글을 읽고 이해하는 데 시간이 오래 걸린다!
읽어서 이해하는 공부 방식을 거부하려고 한다!
그래서 통합적 사고력의 바탕인 독해 공부로
교과 실력 향상의 기본기를 닦아야 합니다.

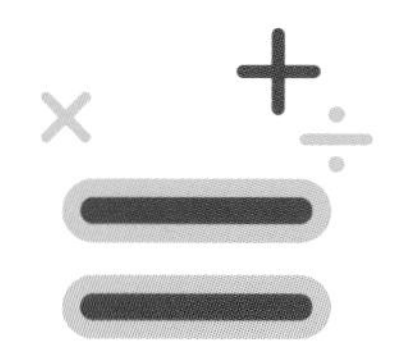

계산력

초등 수학의 핵심이자 기본 바탕

계산 과정의 실수가 잦다!
계산을 하긴 하는데 시간이 오래 걸린다!
계산은 하는데 계산 개념을 정확히 모른다!
그래서 계산 개념을 익히고 속도와 정확성을
높이기 위한 훈련을 통해 계산력을 키워야 합니다.

완자

공부력

초등 수학

계산 6A

초등 수학 계산
단계별 구성

1A	1B	2A	2B	3A	3B
9까지의 수	100까지의 수	세 자리 수	네 자리 수	세 자리 수의 덧셈	곱하는 수가 한·두 자리 수인 곱셈
9까지의 수 모으기, 가르기	받아올림이 없는 두 자리 수의 덧셈	받아올림이 있는 두 자리 수의 덧셈	곱셈구구	세 자리 수의 뺄셈	나누는 수가 한 자리 수인 나눗셈
한 자리 수의 덧셈	받아내림이 없는 두 자리 수의 뺄셈	받아내림이 있는 두 자리 수의 뺄셈	길이(m, cm)의 합과 차	나눗셈의 의미	분수로 나타내기, 분수의 종류
한 자리 수의 뺄셈	10이 되는 더하기, 10에서 빼기	세 수의 덧셈과 뺄셈	시각과 시간	곱하는 수가 한 자리 수인 곱셈	들이·무게의 합과 차
50까지의 수	받아올림이 있는 (몇)+(몇), 받아내림이 있는 (십몇)-(몇)	곱셈의 의미		길이(cm와 mm, km와 m)·시간의 합과 차	
				분수와 소수의 의미	

초등 수학의 핵심! 수, 연산, 측정, 규칙성 영역에서
핵심 개념을 쉽게 이해하고, 다양한 계산 문제로 계산력을 키워요!

4A	4B	5A	5B	6A	6B
큰 수	분모가 같은 분수의 덧셈	자연수의 혼합 계산	수 어림하기	나누는 수가 자연수인 분수의 나눗셈	나누는 수가 분수인 분수의 나눗셈
각도의 합과 차, 삼각형·사각형의 각도의 합	분모가 같은 분수의 뺄셈	약수와 배수	분수의 곱셈	나누는 수가 자연수인 소수의 나눗셈	나누는 수가 소수인 소수의 나눗셈
세 자리 수와 두 자리 수의 곱셈	소수 사이의 관계	약분과 통분	소수의 곱셈	비와 비율	비례식과 비례배분
나누는 수가 두 자리 수인 나눗셈	소수의 덧셈	분모가 다른 분수의 덧셈	평균	직육면체의 부피	원주, 원의 넓이
	소수의 뺄셈	분모가 다른 분수의 뺄셈		직육면체의 겉넓이	
		다각형의 둘레와 넓이			

특징과 활용법

하루 4쪽 공부하기

✳ 차시별 공부

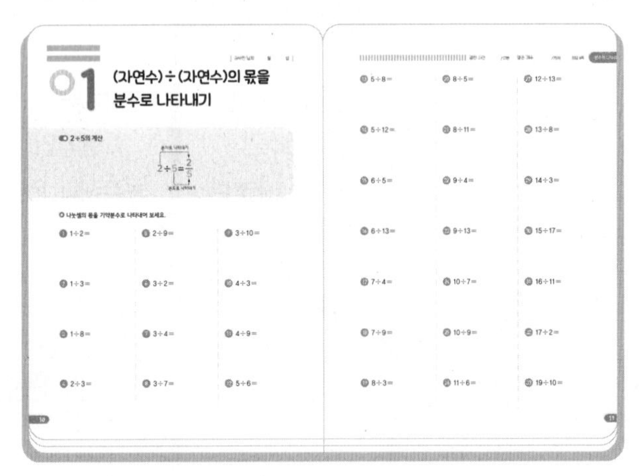

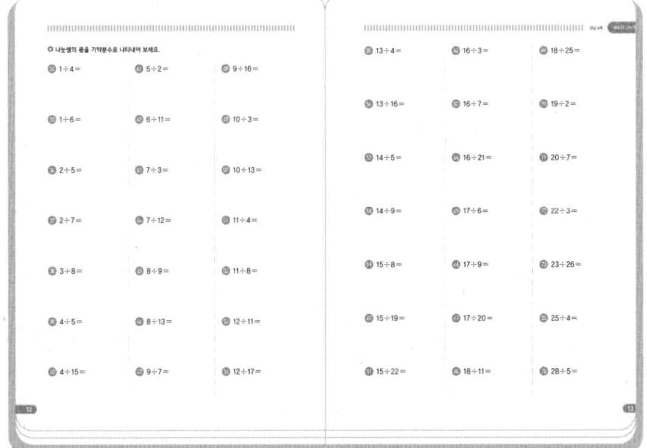

✳ 차시 섞어서 공부

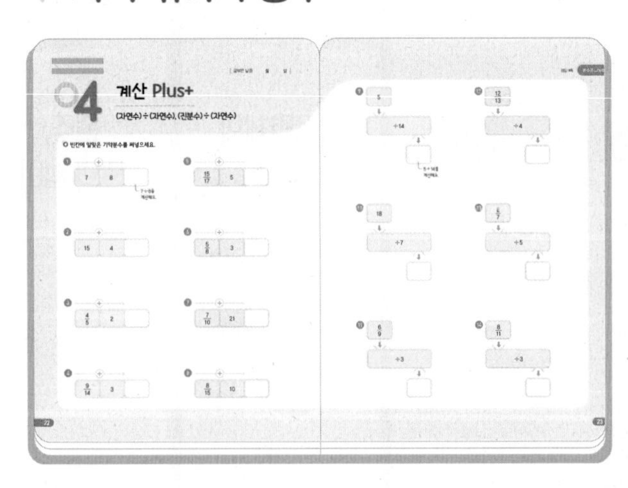

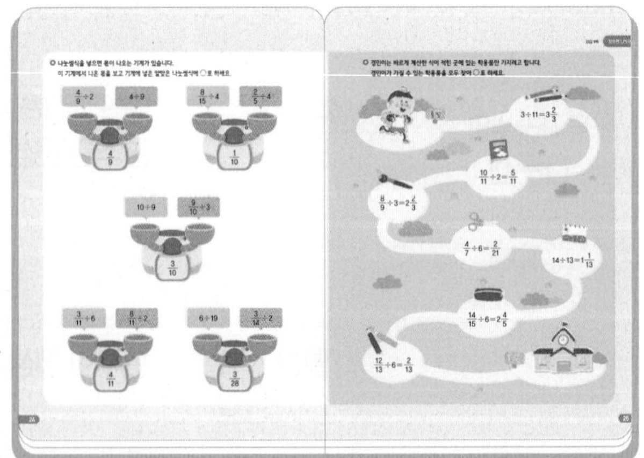

✳ 하루 4쪽씩 공부하고, 채점한 후, 틀린 문제를 다시 풀어요!

✔ 책으로 하루 4쪽 공부하며, 초등 계산력을 키워요!
✔ 모바일로 공부한 내용을 복습하고 몬스터를 잡아요!

공부한 내용 확인하기

✳ 단원별 계산 평가

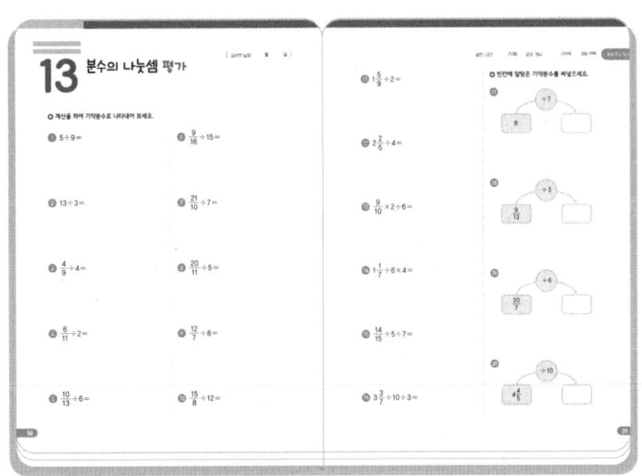

✳ 단계별 계산 총정리 평가

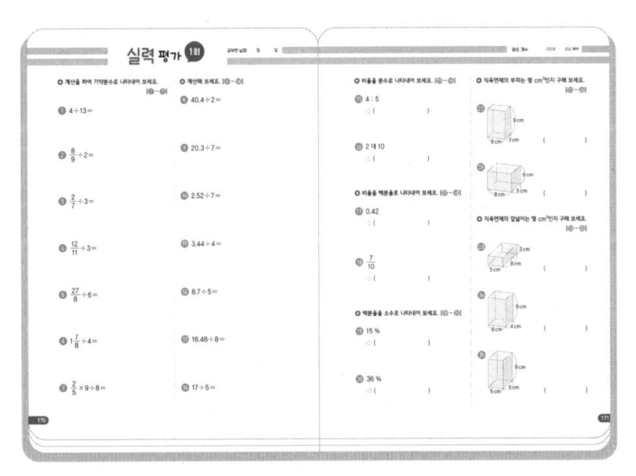

✳ 평가를 통해 공부한 내용을 확인해요!

모바일로 복습하기

앱 다운받기

책 인증하기

✳ 그날 배운 내용을 바로바로,
또는 주말에 모아서 복습하고,
다이아몬드 획득까지!
공부가 저절로 즐거워져요!

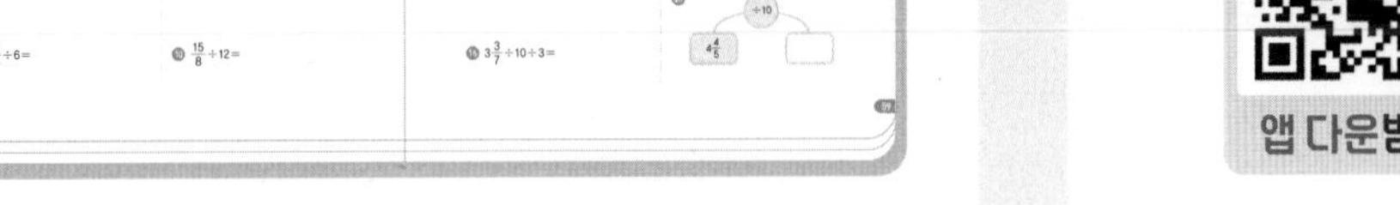

차례

1

분수의 나눗셈의 계산 원리를 알고,
(분수)÷(자연수)를 계산하는 것이 중요한

분수의 나눗셈

공부한 날짜 월 일

(자연수)÷(자연수)의 몫을 분수로 나타내기

2÷5의 계산

분자로 나타내기

$$2 \div 5 = \frac{2}{5}$$

분모로 나타내기

나눗셈의 몫을 기약분수로 나타내어 보세요.

① 1÷2=

② 1÷3=

③ 1÷8=

④ 2÷3=

⑤ 2÷9=

⑥ 3÷2=

⑦ 3÷4=

⑧ 3÷7=

⑨ 3÷10=

⑩ 4÷3=

⑪ 4÷9=

⑫ 5÷6=

⑬ $5 \div 8 =$

⑭ $5 \div 12 =$

⑮ $6 \div 5 =$

⑯ $6 \div 13 =$

⑰ $7 \div 4 =$

⑱ $7 \div 9 =$

⑲ $8 \div 3 =$

⑳ $8 \div 5 =$

㉑ $8 \div 11 =$

㉒ $9 \div 4 =$

㉓ $9 \div 13 =$

㉔ $10 \div 7 =$

㉕ $10 \div 9 =$

㉖ $11 \div 6 =$

㉗ $12 \div 13 =$

㉘ $13 \div 8 =$

㉙ $14 \div 3 =$

㉚ $15 \div 17 =$

㉛ $16 \div 11 =$

㉜ $17 \div 2 =$

㉝ $19 \div 10 =$

○ 나눗셈의 몫을 기약분수로 나타내어 보세요.

㉞ $1 \div 4 =$

㉟ $1 \div 6 =$

㊱ $2 \div 5 =$

㊲ $2 \div 7 =$

㊳ $3 \div 8 =$

㊴ $4 \div 5 =$

㊵ $4 \div 15 =$

㊶ $5 \div 2 =$

㊷ $6 \div 11 =$

㊸ $7 \div 3 =$

㊹ $7 \div 12 =$

㊺ $8 \div 9 =$

㊻ $8 \div 13 =$

㊼ $9 \div 7 =$

㊽ $9 \div 16 =$

㊾ $10 \div 3 =$

㊿ $10 \div 13 =$

51 $11 \div 4 =$

52 $11 \div 8 =$

53 $12 \div 11 =$

54 $12 \div 17 =$

55 $13 \div 4 =$

56 $13 \div 16 =$

57 $14 \div 5 =$

58 $14 \div 9 =$

59 $15 \div 8 =$

60 $15 \div 19 =$

61 $15 \div 22 =$

62 $16 \div 3 =$

63 $16 \div 7 =$

64 $16 \div 21 =$

65 $17 \div 6 =$

66 $17 \div 9 =$

67 $17 \div 20 =$

68 $18 \div 11 =$

69 $18 \div 25 =$

70 $19 \div 2 =$

71 $20 \div 7 =$

72 $22 \div 3 =$

73 $23 \div 26 =$

74 $25 \div 4 =$

75 $28 \div 5 =$

분자가 자연수의 배수인 (진분수)÷(자연수)

$\frac{4}{5} \div 2$의 계산

$$\frac{4}{5} \div 2 = \frac{4 \div 2}{5} = \frac{2}{5}$$

분자를 자연수로 나누기

분모는 그대로 쓰기

계산을 하여 기약분수로 나타내어 보세요.

1. $\frac{2}{3} \div 2 =$
2. $\frac{3}{4} \div 3 =$
3. $\frac{2}{5} \div 2 =$
4. $\frac{4}{5} \div 4 =$
5. $\frac{5}{6} \div 5 =$
6. $\frac{4}{7} \div 2 =$
7. $\frac{6}{7} \div 3 =$
8. $\frac{3}{8} \div 3 =$
9. $\frac{5}{8} \div 5 =$
10. $\frac{6}{9} \div 2 =$
11. $\frac{8}{9} \div 4 =$
12. $\frac{3}{10} \div 3 =$

⑬ $\frac{9}{10} \div 3 =$

⑭ $\frac{6}{11} \div 2 =$

⑮ $\frac{8}{11} \div 2 =$

⑯ $\frac{10}{11} \div 5 =$

⑰ $\frac{5}{12} \div 5 =$

⑱ $\frac{7}{12} \div 7 =$

⑲ $\frac{4}{13} \div 2 =$

⑳ $\frac{10}{13} \div 2 =$

㉑ $\frac{12}{13} \div 3 =$

㉒ $\frac{5}{14} \div 5 =$

㉓ $\frac{11}{14} \div 11 =$

㉔ $\frac{8}{15} \div 2 =$

㉕ $\frac{14}{15} \div 2 =$

㉖ $\frac{10}{16} \div 5 =$

㉗ $\frac{12}{16} \div 4 =$

㉘ $\frac{14}{17} \div 7 =$

㉙ $\frac{16}{17} \div 8 =$

㉚ $\frac{11}{18} \div 11 =$

㉛ $\frac{15}{18} \div 3 =$

㉜ $\frac{6}{19} \div 3 =$

㉝ $\frac{18}{20} \div 9 =$

○ 계산을 하여 기약분수로 나타내어 보세요.

34 $\frac{3}{5} \div 3 =$

35 $\frac{6}{7} \div 2 =$

36 $\frac{4}{8} \div 2 =$

37 $\frac{7}{8} \div 7 =$

38 $\frac{5}{9} \div 5 =$

39 $\frac{8}{9} \div 2 =$

40 $\frac{9}{10} \div 9 =$

41 $\frac{6}{11} \div 3 =$

42 $\frac{8}{11} \div 4 =$

43 $\frac{9}{11} \div 3 =$

44 $\frac{8}{12} \div 4 =$

45 $\frac{10}{12} \div 2 =$

46 $\frac{6}{13} \div 2 =$

47 $\frac{10}{13} \div 5 =$

48 $\frac{12}{13} \div 2 =$

49 $\frac{9}{14} \div 9 =$

50 $\frac{12}{14} \div 4 =$

51 $\frac{13}{14} \div 13 =$

52 $\frac{4}{15} \div 4 =$

53 $\frac{6}{15} \div 3 =$

54 $\frac{14}{15} \div 7 =$

55 $\frac{9}{16} \div 3 =$

56 $\frac{11}{16} \div 11 =$

57 $\frac{15}{16} \div 3 =$

58 $\frac{4}{17} \div 2 =$

59 $\frac{6}{17} \div 3 =$

60 $\frac{12}{17} \div 3 =$

61 $\frac{14}{17} \div 2 =$

62 $\frac{7}{18} \div 7 =$

63 $\frac{15}{18} \div 5 =$

64 $\frac{8}{19} \div 2 =$

65 $\frac{10}{19} \div 5 =$

66 $\frac{14}{19} \div 7 =$

67 $\frac{9}{20} \div 3 =$

68 $\frac{11}{20} \div 11 =$

69 $\frac{12}{20} \div 4 =$

70 $\frac{16}{21} \div 4 =$

71 $\frac{18}{21} \div 6 =$

72 $\frac{20}{22} \div 4 =$

73 $\frac{12}{23} \div 2 =$

74 $\frac{21}{23} \div 7 =$

75 $\frac{24}{25} \div 8 =$

분자가 자연수의 배수가 아닌 (진분수)÷(자연수)

$\frac{5}{6} \div 3$의 계산

$$\frac{5}{6} \div 3 = \frac{5}{6} \times \frac{1}{3} = \frac{5}{18}$$

$\div 3$을 $\times \frac{1}{3}$로 바꾸기

계산을 하여 기약분수로 나타내어 보세요.

1. $\frac{1}{2} \div 3 =$
2. $\frac{1}{3} \div 2 =$
3. $\frac{2}{3} \div 4 =$
4. $\frac{1}{4} \div 2 =$
5. $\frac{3}{4} \div 5 =$
6. $\frac{2}{5} \div 3 =$
7. $\frac{3}{5} \div 6 =$
8. $\frac{5}{6} \div 2 =$
9. $\frac{5}{6} \div 10 =$
10. $\frac{2}{7} \div 4 =$
11. $\frac{3}{7} \div 8 =$
12. $\frac{5}{7} \div 3 =$

⑬ $\frac{3}{8} \div 4 =$

⑭ $\frac{5}{8} \div 6 =$

⑮ $\frac{7}{8} \div 5 =$

⑯ $\frac{1}{9} \div 4 =$

⑰ $\frac{4}{9} \div 6 =$

⑱ $\frac{7}{9} \div 2 =$

⑲ $\frac{3}{10} \div 9 =$

⑳ $\frac{7}{10} \div 14 =$

㉑ $\frac{4}{11} \div 8 =$

㉒ $\frac{6}{11} \div 4 =$

㉓ $\frac{8}{11} \div 6 =$

㉔ $\frac{5}{12} \div 3 =$

㉕ $\frac{7}{12} \div 5 =$

㉖ $\frac{2}{13} \div 6 =$

㉗ $\frac{4}{13} \div 10 =$

㉘ $\frac{8}{13} \div 12 =$

㉙ $\frac{3}{14} \div 6 =$

㉚ $\frac{9}{14} \div 5 =$

㉛ $\frac{4}{15} \div 8 =$

㉜ $\frac{6}{15} \div 18 =$

㉝ $\frac{14}{15} \div 4 =$

○ 계산을 하여 기약분수로 나타내어 보세요.

㉞ $\frac{1}{2} \div 4 =$

㉟ $\frac{1}{3} \div 4 =$

㊱ $\frac{2}{3} \div 5 =$

㊲ $\frac{1}{4} \div 3 =$

㊳ $\frac{3}{4} \div 6 =$

㊴ $\frac{2}{5} \div 8 =$

㊵ $\frac{3}{5} \div 4 =$

㊶ $\frac{3}{5} \div 9 =$

㊷ $\frac{5}{6} \div 15 =$

㊸ $\frac{3}{7} \div 5 =$

㊹ $\frac{4}{7} \div 12 =$

㊺ $\frac{6}{7} \div 4 =$

㊻ $\frac{3}{8} \div 2 =$

㊼ $\frac{5}{8} \div 7 =$

㊽ $\frac{7}{8} \div 2 =$

㊾ $\frac{2}{9} \div 8 =$

㊿ $\frac{5}{9} \div 6 =$

51 $\frac{8}{9} \div 16 =$

52 $\frac{3}{10} \div 12 =$

53 $\frac{7}{10} \div 3 =$

54 $\frac{9}{10} \div 18 =$

55 $\frac{4}{11} \div 3 =$

56 $\frac{5}{11} \div 10 =$

57 $\frac{6}{11} \div 9 =$

58 $\frac{5}{12} \div 4 =$

59 $\frac{2}{13} \div 3 =$

60 $\frac{4}{13} \div 7 =$

61 $\frac{10}{13} \div 20 =$

62 $\frac{5}{14} \div 15 =$

63 $\frac{11}{14} \div 22 =$

64 $\frac{13}{14} \div 4 =$

65 $\frac{8}{15} \div 16 =$

66 $\frac{14}{15} \div 21 =$

67 $\frac{7}{16} \div 14 =$

68 $\frac{15}{16} \div 9 =$

69 $\frac{4}{17} \div 8 =$

70 $\frac{16}{17} \div 12 =$

71 $\frac{7}{18} \div 4 =$

72 $\frac{11}{18} \div 3 =$

73 $\frac{6}{19} \div 12 =$

74 $\frac{10}{19} \div 15 =$

75 $\frac{9}{20} \div 12 =$

계산 Plus+

(자연수)÷(자연수), (진분수)÷(자연수)

○ 빈칸에 알맞은 기약분수를 써넣으세요.

1
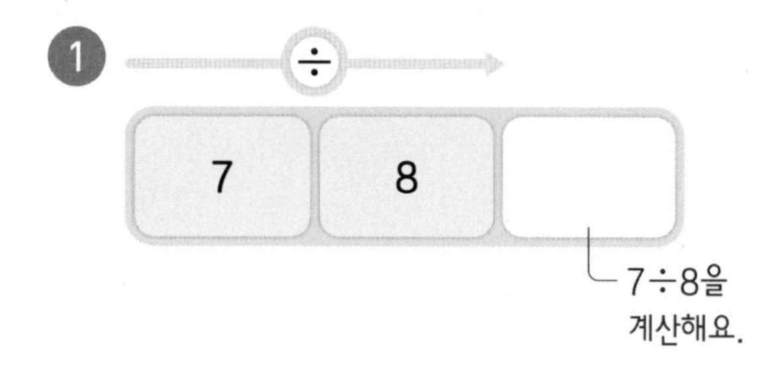

5
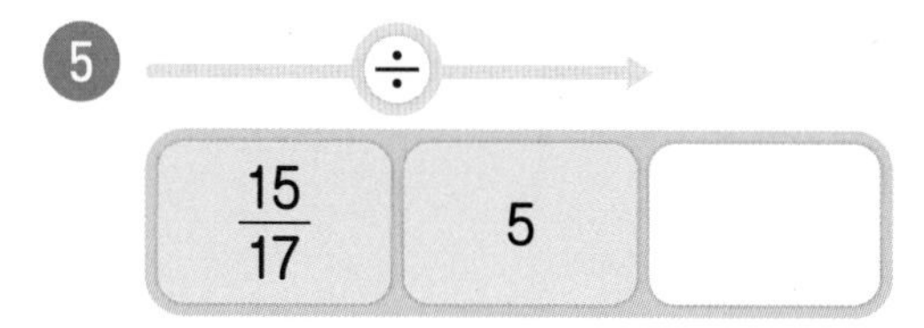

2
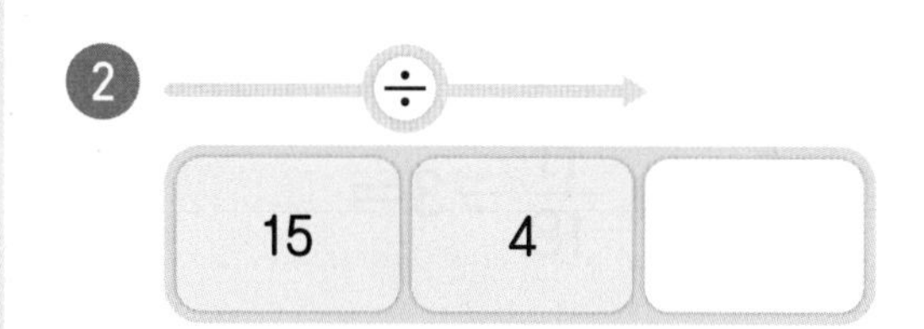

6
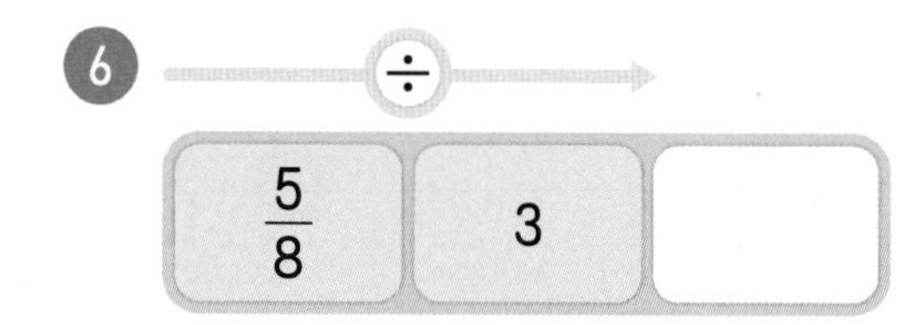

3
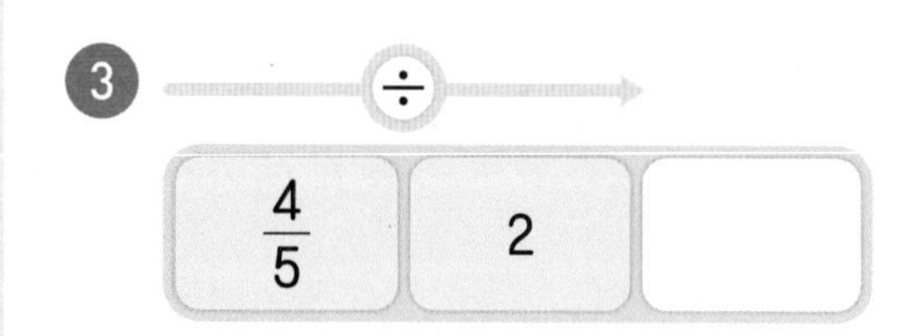

7
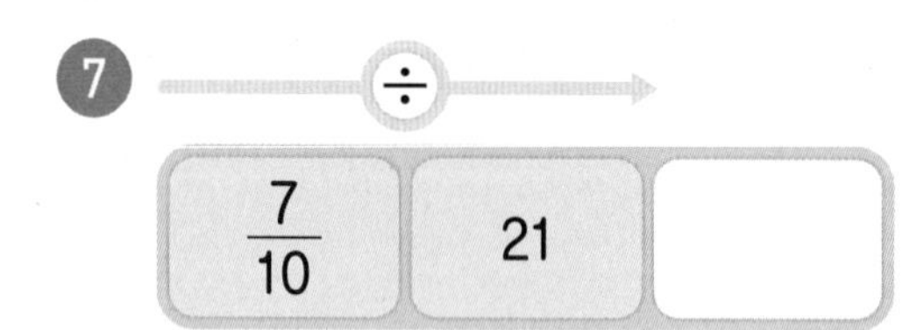

4
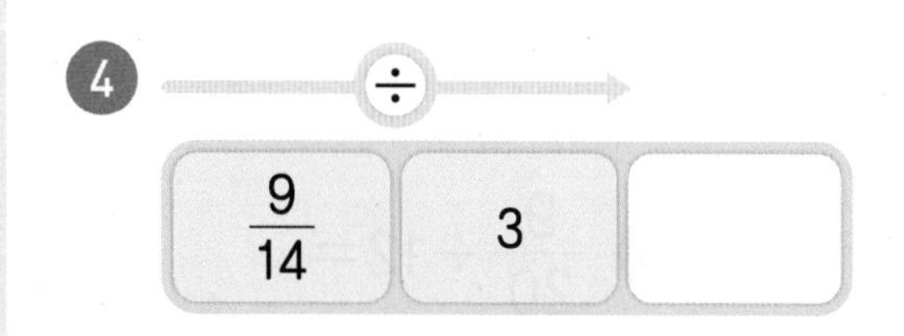

8

÷

$\frac{8}{15}$	10	

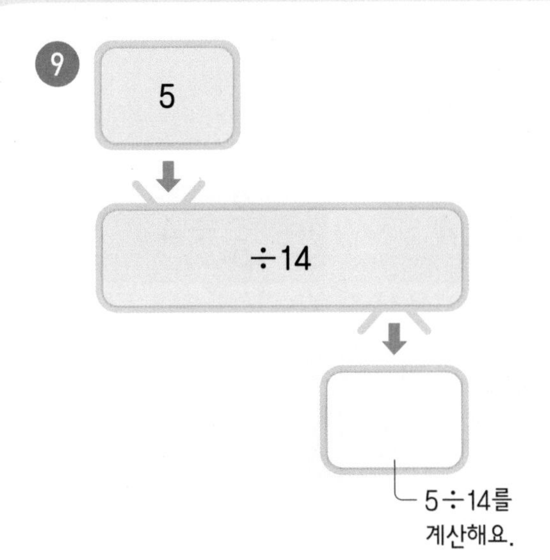
9
5
÷14
5÷14를
계산해요.

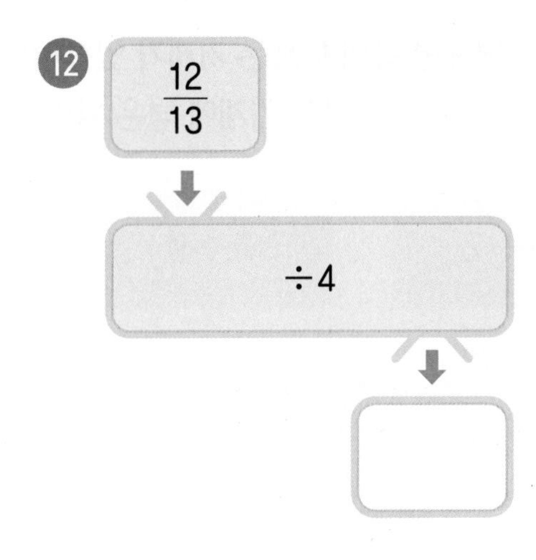
12
$\frac{12}{13}$
÷4

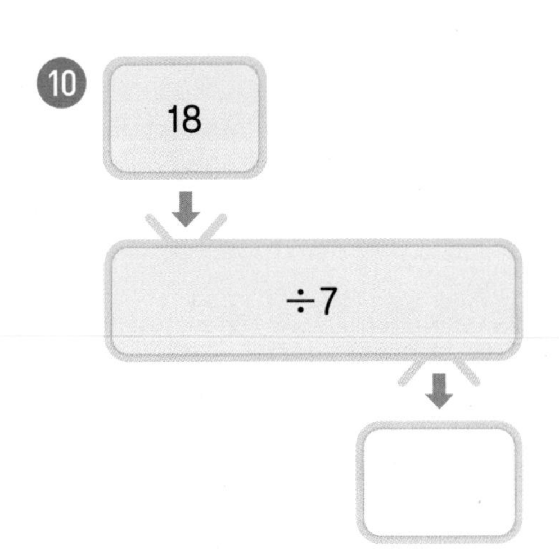
10
18
÷7

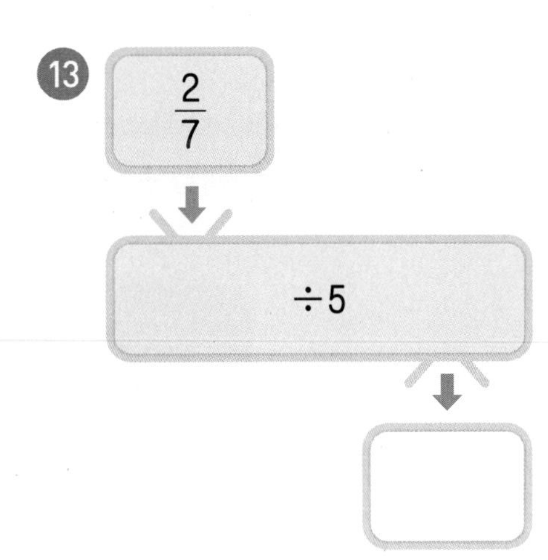
13
$\frac{2}{7}$
÷5

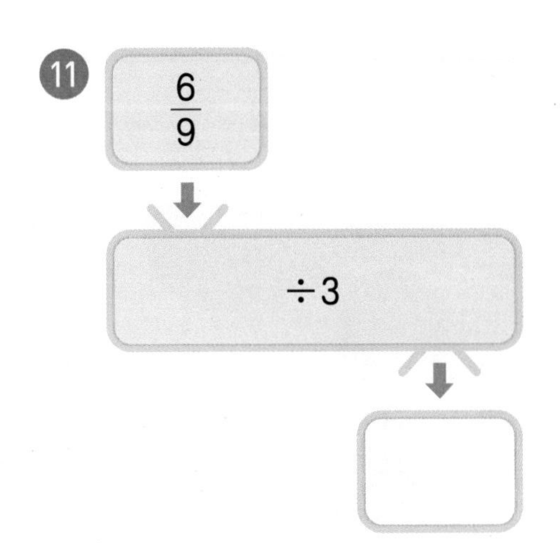
11
$\frac{6}{9}$
÷3

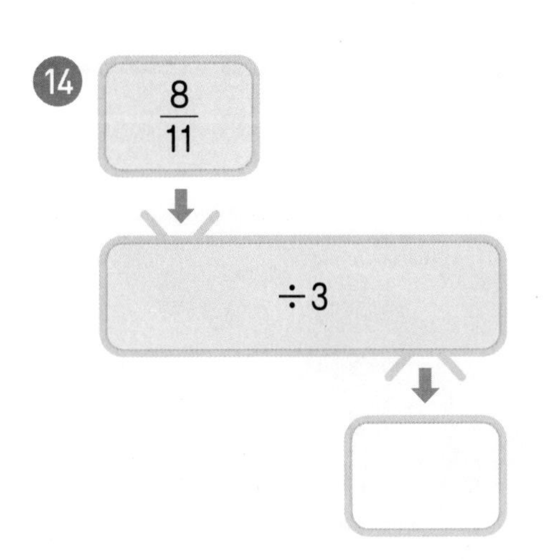
14
$\frac{8}{11}$
÷3

- 나눗셈식을 넣으면 몫이 나오는 기계가 있습니다.
이 기계에서 나온 몫을 보고 기계에 넣은 알맞은 나눗셈식에 ◯표 하세요.

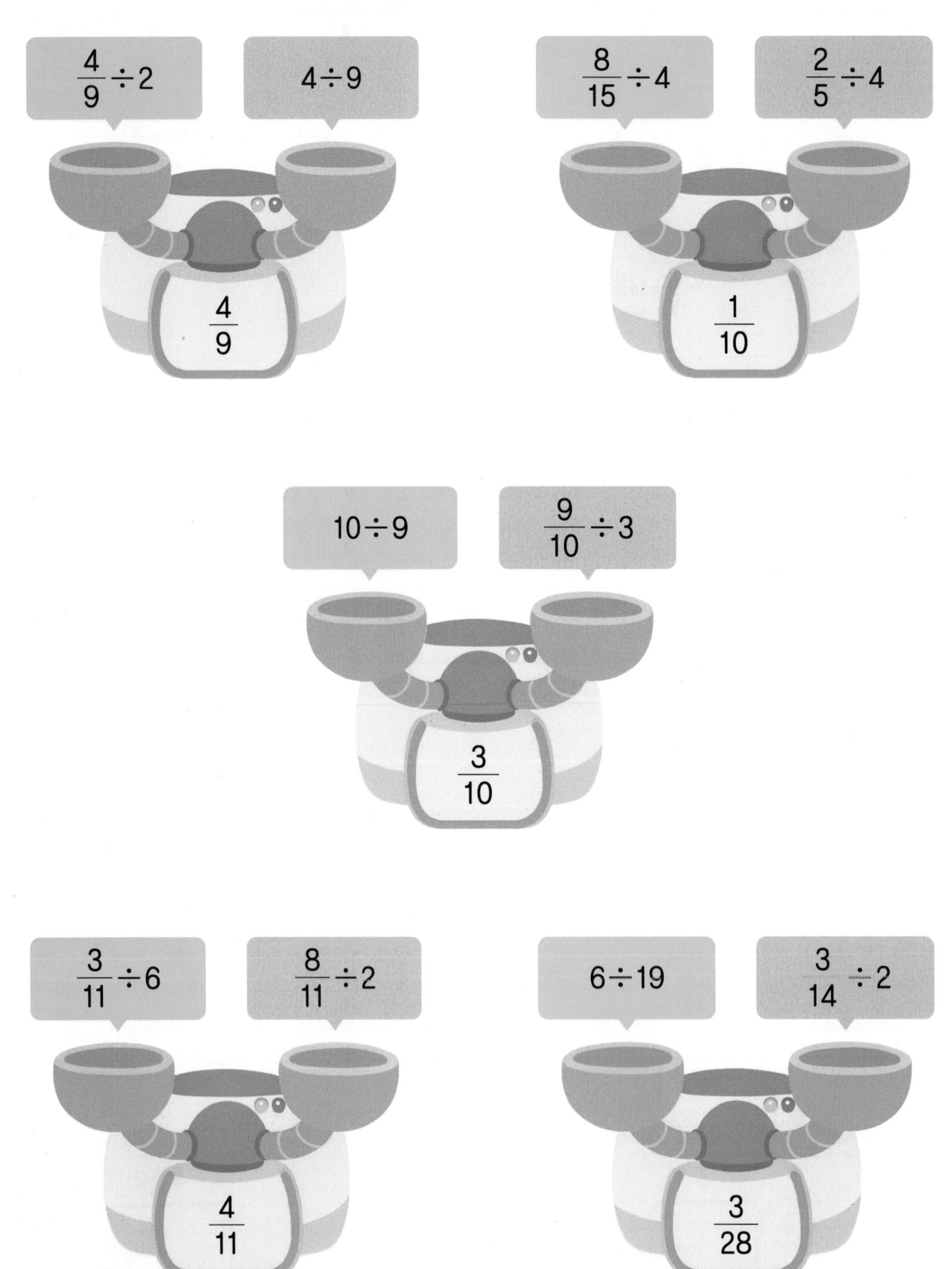

◎ 경민이는 바르게 계산한 식이 적힌 곳에 있는 학용품만 가지려고 합니다.
경민이가 가질 수 있는 학용품을 모두 찾아 ○표 하세요.

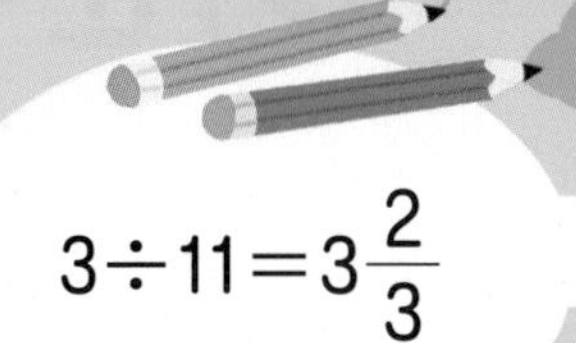

$3\div11=3\frac{2}{3}$

$\frac{10}{11}\div2=\frac{5}{11}$

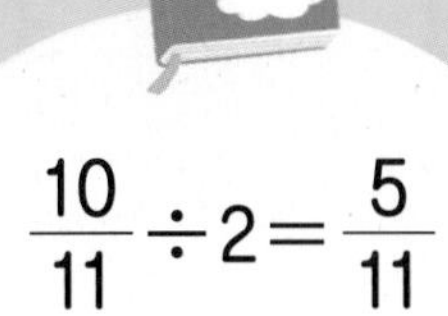

$\frac{8}{9}\div3=2\frac{2}{3}$

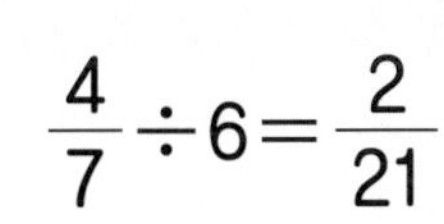

$\frac{4}{7}\div6=\frac{2}{21}$

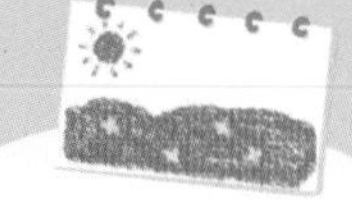

$14\div13=1\frac{1}{13}$

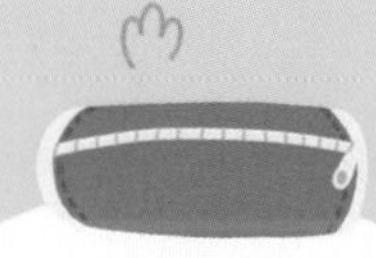

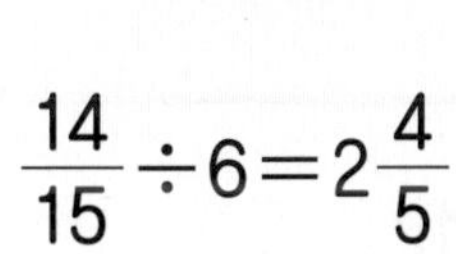

$\frac{14}{15}\div6=2\frac{4}{5}$

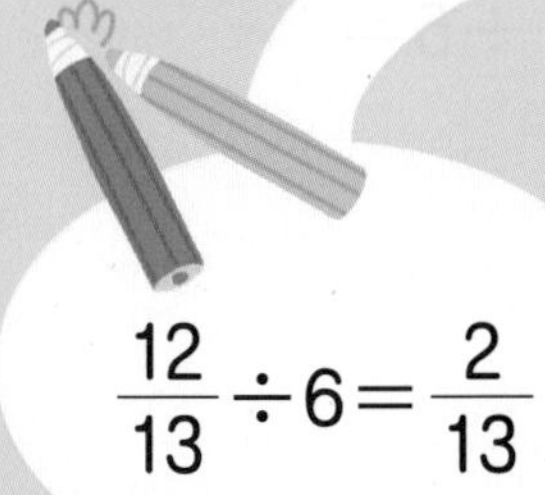

$\frac{12}{13}\div6=\frac{2}{13}$

분자가 자연수의 배수인 (가분수)÷(자연수)

$\frac{4}{3} \div 2$의 계산

$$\frac{4}{3} \div 2 = \frac{4 \div 2}{3} = \frac{2}{3}$$

분자를 자연수로 나누기

분모는 그대로 쓰기

계산을 하여 기약분수로 나타내어 보세요.

1. $\frac{3}{2} \div 3 =$
2. $\frac{7}{2} \div 7 =$
3. $\frac{5}{3} \div 5 =$
4. $\frac{9}{4} \div 3 =$
5. $\frac{11}{4} \div 11 =$
6. $\frac{8}{5} \div 2 =$
7. $\frac{12}{5} \div 4 =$
8. $\frac{18}{5} \div 6 =$
9. $\frac{7}{6} \div 7 =$
10. $\frac{8}{7} \div 4 =$
11. $\frac{10}{7} \div 5 =$
12. $\frac{12}{7} \div 2 =$

⑬ $\frac{18}{7} \div 3 =$

⑭ $\frac{9}{8} \div 3 =$

⑮ $\frac{15}{8} \div 5 =$

⑯ $\frac{21}{8} \div 7 =$

⑰ $\frac{14}{9} \div 2 =$

⑱ $\frac{16}{9} \div 4 =$

⑲ $\frac{20}{9} \div 5 =$

⑳ $\frac{17}{10} \div 17 =$

㉑ $\frac{21}{10} \div 3 =$

㉒ $\frac{12}{11} \div 6 =$

㉓ $\frac{16}{11} \div 8 =$

㉔ $\frac{20}{11} \div 2 =$

㉕ $\frac{24}{11} \div 6 =$

㉖ $\frac{13}{12} \div 13 =$

㉗ $\frac{15}{13} \div 3 =$

㉘ $\frac{18}{13} \div 6 =$

㉙ $\frac{24}{13} \div 8 =$

㉚ $\frac{15}{14} \div 3 =$

㉛ $\frac{27}{14} \div 9 =$

㉜ $\frac{16}{15} \div 2 =$

㉝ $\frac{28}{15} \div 4 =$

○ 계산을 하여 기약분수로 나타내어 보세요.

㉞ $\frac{5}{2} \div 5 =$

㉟ $\frac{8}{3} \div 4 =$

㊱ $\frac{7}{4} \div 7 =$

㊲ $\frac{15}{4} \div 5 =$

㊳ $\frac{9}{5} \div 3 =$

㊴ $\frac{21}{5} \div 7 =$

㊵ $\frac{24}{5} \div 6 =$

㊶ $\frac{16}{7} \div 4 =$

㊷ $\frac{18}{7} \div 9 =$

㊸ $\frac{27}{7} \div 9 =$

㊹ $\frac{11}{8} \div 11 =$

㊺ $\frac{25}{8} \div 5 =$

㊻ $\frac{10}{9} \div 2 =$

㊼ $\frac{28}{9} \div 4 =$

㊽ $\frac{35}{9} \div 7 =$

㊾ $\frac{27}{10} \div 3 =$

㊿ $\frac{15}{11} \div 3 =$

51 $\frac{18}{11} \div 2 =$

52 $\frac{20}{11} \div 4 =$

53 $\frac{25}{11} \div 5 =$

54 $\frac{17}{12} \div 17 =$

55 $\frac{25}{12} \div 5 =$

56 $\frac{14}{13} \div 7 =$

57 $\frac{16}{13} \div 8 =$

58 $\frac{20}{13} \div 4 =$

59 $\frac{24}{13} \div 6 =$

60 $\frac{15}{14} \div 5 =$

61 $\frac{33}{14} \div 11 =$

62 $\frac{16}{15} \div 4 =$

63 $\frac{22}{15} \div 2 =$

64 $\frac{28}{15} \div 7 =$

65 $\frac{32}{15} \div 8 =$

66 $\frac{21}{16} \div 3 =$

67 $\frac{27}{16} \div 9 =$

68 $\frac{18}{17} \div 2 =$

69 $\frac{20}{17} \div 5 =$

70 $\frac{21}{17} \div 3 =$

71 $\frac{24}{17} \div 4 =$

72 $\frac{20}{19} \div 2 =$

73 $\frac{24}{19} \div 6 =$

74 $\frac{30}{19} \div 5 =$

75 $\frac{27}{20} \div 3 =$

분자가 자연수의 배수가 아닌 (가분수)÷(자연수)

$\frac{5}{3} \div 4$의 계산

$$\frac{5}{3} \div 4 = \frac{5}{3} \times \frac{1}{4} = \frac{5}{12}$$

$\div 4$를 $\times \frac{1}{4}$로 바꾸기

계산을 하여 기약분수로 나타내어 보세요.

① $\frac{3}{2} \div 2 =$

② $\frac{5}{2} \div 4 =$

③ $\frac{5}{3} \div 2 =$

④ $\frac{7}{4} \div 3 =$

⑤ $\frac{9}{4} \div 5 =$

⑥ $\frac{6}{5} \div 4 =$

⑦ $\frac{8}{5} \div 6 =$

⑧ $\frac{12}{5} \div 8 =$

⑨ $\frac{7}{6} \div 4 =$

⑩ $\frac{9}{7} \div 6 =$

⑪ $\frac{10}{7} \div 4 =$

⑫ $\frac{15}{7} \div 10 =$

⑬ $\frac{18}{7} \div 4 =$

⑭ $\frac{9}{8} \div 6 =$

⑮ $\frac{11}{8} \div 22 =$

⑯ $\frac{15}{8} \div 10 =$

⑰ $\frac{21}{8} \div 9 =$

⑱ $\frac{10}{9} \div 4 =$

⑲ $\frac{13}{9} \div 3 =$

⑳ $\frac{16}{9} \div 6 =$

㉑ $\frac{20}{9} \div 8 =$

㉒ $\frac{28}{9} \div 12 =$

㉓ $\frac{13}{10} \div 26 =$

㉔ $\frac{17}{10} \div 4 =$

㉕ $\frac{21}{10} \div 12 =$

㉖ $\frac{12}{11} \div 8 =$

㉗ $\frac{15}{11} \div 6 =$

㉘ $\frac{20}{11} \div 15 =$

㉙ $\frac{25}{11} \div 10 =$

㉚ $\frac{13}{12} \div 5 =$

㉛ $\frac{15}{13} \div 9 =$

㉜ $\frac{18}{13} \div 8 =$

㉝ $\frac{25}{14} \div 15 =$

○ 계산을 하여 기약분수로 나타내어 보세요.

㉞ $\frac{3}{2} \div 4 =$

㉟ $\frac{7}{2} \div 5 =$

㊱ $\frac{4}{3} \div 7 =$

㊲ $\frac{5}{3} \div 3 =$

㊳ $\frac{5}{3} \div 10 =$

㊴ $\frac{7}{3} \div 8 =$

㊵ $\frac{5}{4} \div 2 =$

㊶ $\frac{7}{4} \div 5 =$

㊷ $\frac{9}{4} \div 12 =$

㊸ $\frac{11}{4} \div 3 =$

㊹ $\frac{6}{5} \div 8 =$

㊺ $\frac{8}{5} \div 16 =$

㊻ $\frac{9}{5} \div 6 =$

㊼ $\frac{12}{5} \div 18 =$

㊽ $\frac{7}{6} \div 2 =$

㊾ $\frac{11}{6} \div 5 =$

㊿ $\frac{13}{6} \div 26 =$

51 $\frac{9}{7} \div 4 =$

52 $\frac{13}{7} \div 3 =$

53 $\frac{16}{7} \div 6 =$

54 $\frac{20}{7} \div 8 =$

55 $\frac{11}{8} \div 5 =$

56 $\frac{15}{8} \div 9 =$

57 $\frac{17}{8} \div 34 =$

58 $\frac{27}{8} \div 12 =$

59 $\frac{10}{9} \div 3 =$

60 $\frac{14}{9} \div 4 =$

61 $\frac{20}{9} \div 15 =$

62 $\frac{32}{9} \div 12 =$

63 $\frac{13}{10} \div 5 =$

64 $\frac{19}{10} \div 2 =$

65 $\frac{27}{10} \div 6 =$

66 $\frac{12}{11} \div 24 =$

67 $\frac{14}{11} \div 10 =$

68 $\frac{18}{11} \div 8 =$

69 $\frac{19}{12} \div 4 =$

70 $\frac{25}{12} \div 15 =$

71 $\frac{14}{13} \div 4 =$

72 $\frac{16}{13} \div 10 =$

73 $\frac{15}{14} \div 6 =$

74 $\frac{27}{14} \div 15 =$

75 $\frac{16}{15} \div 12 =$

(대분수)÷(자연수)

$1\frac{3}{5}\div4$의 계산

방법 ① 대분수를 가분수로 나타낸 후 분자를 자연수로 나누어 계산하기

$$1\frac{3}{5}\div4=\frac{8}{5}\div4=\frac{8\div4}{5}=\frac{2}{5}$$

방법 ② 대분수를 가분수로 나타낸 후 ÷(자연수)를 $\times\frac{1}{(\text{자연수})}$로 바꾸어 계산하기

$$1\frac{3}{5}\div4=\frac{8}{5}\div4=\frac{\overset{2}{\cancel{8}}}{5}\times\frac{1}{\underset{1}{\cancel{4}}}=\frac{2}{5}$$

계산을 하여 기약분수로 나타내어 보세요.

① $1\frac{1}{2}\div3=$

② $1\frac{1}{3}\div2=$

③ $1\frac{3}{4}\div7=$

④ $1\frac{1}{5}\div2=$

⑤ $1\frac{4}{5}\div3=$

⑥ $1\frac{1}{6}\div4=$

⑦ $1\frac{4}{7}\div5=$

⑧ $1\frac{7}{8}\div5=$

⑨ $1\frac{5}{9}\div7=$

⑩ $2\frac{2}{3} \div 4 =$

⑪ $2\frac{1}{4} \div 3 =$

⑫ $2\frac{2}{5} \div 6 =$

⑬ $2\frac{5}{6} \div 5 =$

⑭ $2\frac{1}{7} \div 3 =$

⑮ $2\frac{5}{8} \div 3 =$

⑯ $2\frac{2}{9} \div 4 =$

⑰ $3\frac{1}{3} \div 2 =$

⑱ $3\frac{3}{4} \div 9 =$

⑲ $3\frac{3}{5} \div 6 =$

⑳ $3\frac{1}{6} \div 3 =$

㉑ $3\frac{1}{7} \div 2 =$

㉒ $4\frac{1}{2} \div 3 =$

㉓ $4\frac{2}{3} \div 4 =$

㉔ $4\frac{4}{5} \div 8 =$

㉕ $4\frac{1}{6} \div 5 =$

㉖ $5\frac{2}{3} \div 2 =$

㉗ $5\frac{1}{4} \div 7 =$

㉘ $6\frac{1}{4} \div 10 =$

㉙ $7\frac{1}{9} \div 4 =$

㉚ $8\frac{2}{5} \div 6 =$

○ 계산을 하여 기약분수로 나타내어 보세요.

31 $1\frac{1}{2} \div 2 =$

32 $1\frac{2}{3} \div 5 =$

33 $1\frac{3}{4} \div 4 =$

34 $1\frac{1}{5} \div 3 =$

35 $1\frac{3}{5} \div 8 =$

36 $1\frac{5}{6} \div 2 =$

37 $1\frac{2}{7} \div 6 =$

38 $1\frac{3}{7} \div 5 =$

39 $1\frac{4}{9} \div 2 =$

40 $1\frac{7}{9} \div 8 =$

41 $2\frac{2}{3} \div 3 =$

42 $2\frac{3}{4} \div 11 =$

43 $2\frac{4}{5} \div 7 =$

44 $2\frac{4}{7} \div 9 =$

45 $2\frac{6}{7} \div 4 =$

46 $2\frac{5}{8} \div 7 =$

47 $2\frac{7}{9} \div 10 =$

48 $2\frac{7}{10} \div 9 =$

49 $3\frac{1}{3} \div 5 =$

50 $3\frac{1}{5} \div 2 =$

51 $3\frac{6}{7} \div 6 =$

52. $3\frac{7}{8} \div 7=$

53. $3\frac{1}{9} \div 4=$

54. $3\frac{3}{10} \div 11=$

55. $4\frac{2}{3} \div 28=$

56. $4\frac{1}{5} \div 6=$

57. $4\frac{2}{7} \div 3=$

58. $4\frac{3}{8} \div 5=$

59. $4\frac{4}{9} \div 4=$

60. $5\frac{1}{3} \div 2=$

61. $5\frac{3}{5} \div 14=$

62. $5\frac{5}{6} \div 7=$

63. $5\frac{1}{7} \div 8=$

64. $6\frac{2}{3} \div 6=$

65. $6\frac{1}{6} \div 5=$

66. $6\frac{3}{7} \div 9=$

67. $7\frac{1}{5} \div 4=$

68. $7\frac{1}{7} \div 15=$

69. $8\frac{1}{4} \div 6=$

70. $8\frac{5}{9} \div 7=$

71. $9\frac{4}{5} \div 14=$

72. $9\frac{3}{8} \div 10=$

계산 Plus+

(가분수) ÷ (자연수), (대분수) ÷ (자연수)

○ 빈칸에 알맞은 기약분수를 써넣으세요.

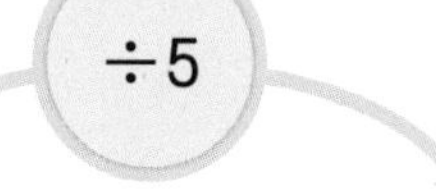

1. $\frac{5}{4}$ → ÷5 → [ ]

   └ $\frac{5}{4} \div 5$를 계산해요.

5. $\frac{14}{11}$ → ÷4 → [ ]

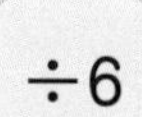

2. $\frac{18}{7}$ → ÷6 → [ ]

6. $2\frac{1}{10}$ → ÷7 → [ ]

3. $\frac{32}{9}$ → ÷8 → [ ]

7. $4\frac{2}{7}$ → ÷6 → [ ]

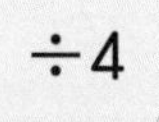

4. $\frac{9}{8}$ → ÷4 → [ ]

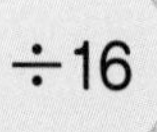

8. $6\frac{2}{9}$ → ÷16 → [ ]

❾ $\frac{16}{5}$ ➡ ÷4 ➡ ☐

$\frac{16}{5}$÷4를 계산해요.

⓮ $\frac{15}{11}$ ➡ ÷20 ➡ ☐

❿ $\frac{24}{7}$ ➡ ÷6 ➡ ☐

⓯ $\frac{25}{12}$ ➡ ÷10 ➡ ☐

⓫ $\frac{20}{13}$ ➡ ÷2 ➡ ☐

⓰ $1\frac{5}{7}$ ➡ ÷3 ➡ ☐

⓬ $\frac{18}{7}$ ➡ ÷12 ➡ ☐

⓱ $4\frac{1}{5}$ ➡ ÷7 ➡ ☐

⓭ $\frac{10}{9}$ ➡ ÷6 ➡ ☐

⓲ $5\frac{5}{8}$ ➡ ÷12 ➡ ☐

● 표에서 나눗셈식의 몫을 찾아 몫이 나타내는 색으로 색칠해 보세요.

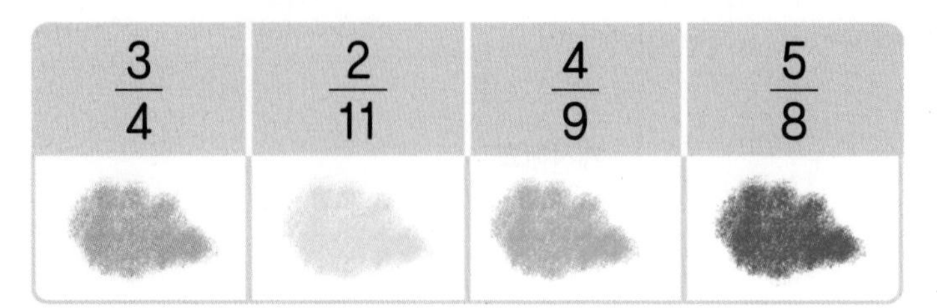

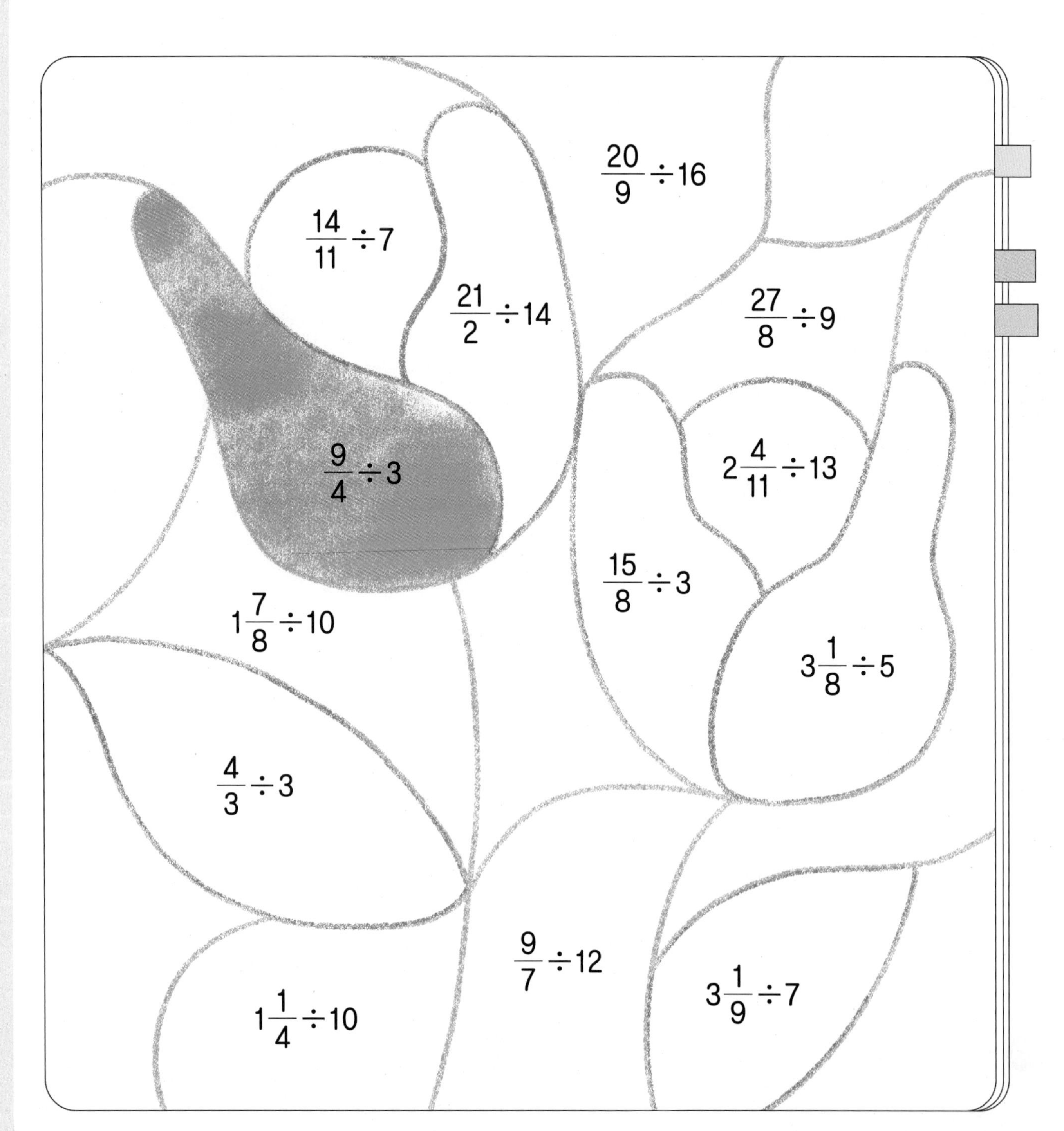

나눗셈의 몫에 해당하는 글자를 빈칸에 써넣어 수아가 여행 가고 싶은 나라를 알아보세요.

$2\frac{1}{4} \div 6$	$\frac{12}{7} \div 4$	$\frac{28}{13} \div 7$	$\frac{35}{8} \div 7$	$\frac{24}{11} \div 8$

(분수)×(자연수)÷(자연수), (분수)÷(자연수)×(자연수)

$\frac{3}{4}\times7\div6$의 계산

$$\frac{3}{4}\times7\div6=\frac{\overset{1}{\cancel{3}}}{4}\times7\times\frac{1}{\underset{2}{\cancel{6}}}=\frac{7}{8}$$

계산을 하여 기약분수로 나타내어 보세요.

① $\frac{3}{5}\times3\div2=$

② $\frac{1}{6}\times4\div3=$

③ $\frac{5}{6}\times2\div5=$

④ $\frac{4}{7}\times2\div9=$

⑤ $\frac{3}{8}\times2\div3=$

⑥ $\frac{7}{8}\times4\div5=$

⑦ $\frac{4}{9}\times5\div2=$

⑧ $\frac{9}{10}\times4\div6=$

⑨ $\frac{3}{4}\div5\times3=$

⑩ $\frac{1}{5}\div3\times4=$

⑪ $\frac{4}{5}\div7\times2=$

⑫ $\frac{5}{6}\div2\times9=$

⑬ $\frac{5}{6}\div3\times2=$

⑭ $\frac{2}{7}\div3\times4=$

⑮ $\frac{4}{7}\div4\times3=$

⑯ $\frac{4}{7}\div8\times4=$

⑰ $\frac{3}{8}\div6\times5=$

⑱ $\frac{5}{8}\div5\times3=$

⑲ $\frac{2}{9}\div4\times3=$

⑳ $\frac{7}{9}\div14\times5=$

㉑ $\frac{3}{10}\div6\times2=$

㉒ $\frac{9}{10}\div15\times5=$

○ 계산을 하여 기약분수로 나타내어 보세요.

㉓ $\frac{2}{5}\times6\div10=$

㉔ $\frac{3}{5}\times4\div9=$

㉕ $\frac{2}{7}\times14\div6=$

㉖ $\frac{5}{8}\times3\div10=$

㉗ $\frac{7}{8}\times6\div14=$

㉘ $\frac{5}{9}\times4\div15=$

㉙ $\frac{3}{10}\times8\div9=$

㉚ $1\frac{3}{4}\times3\div7=$

㉛ $1\frac{1}{6}\times9\div5=$

㉜ $2\frac{2}{5}\times4\div6=$

㉝ $2\frac{1}{7}\times4\div10=$

㉞ $2\frac{5}{8}\times10\div9=$

㉟ $3\frac{3}{7}\times5\div12=$

㊱ $3\frac{7}{9}\times6\div8=$

37 $\frac{2}{5}\div3\times7=$

38 $\frac{5}{6}\div10\times3=$

39 $\frac{5}{7}\div9\times14=$

40 $\frac{5}{8}\div15\times2=$

41 $\frac{7}{8}\div5\times14=$

42 $\frac{4}{9}\div4\times15=$

43 $\frac{9}{10}\div6\times5=$

44 $1\frac{3}{5}\div4\times7=$

45 $1\frac{5}{6}\div3\times2=$

46 $2\frac{2}{7}\div6\times5=$

47 $2\frac{5}{8}\div14\times5=$

48 $3\frac{3}{4}\div10\times7=$

49 $3\frac{3}{7}\div16\times3=$

50 $4\frac{4}{9}\div15\times4=$

공부한 날짜 월 일

10 (분수)÷(자연수)÷(자연수)

$\frac{2}{3} \div 5 \div 4$의 계산

$$\frac{2}{3} \div 5 \div 4 = \frac{\overset{1}{\cancel{2}}}{3} \times \frac{1}{5} \times \frac{1}{\underset{2}{\cancel{4}}} = \frac{1}{30}$$

계산을 하여 기약분수로 나타내어 보세요.

1. $\frac{2}{3} \div 3 \div 4 =$

2. $\frac{4}{5} \div 2 \div 3 =$

3. $\frac{3}{7} \div 3 \div 2 =$

4. $\frac{5}{7} \div 2 \div 7 =$

5. $\frac{6}{7} \div 2 \div 4 =$

6. $\frac{3}{8} \div 5 \div 3 =$

7. $\frac{5}{8} \div 6 \div 2 =$

8. $\frac{7}{8} \div 4 \div 14 =$

⑨ $\frac{2}{9} \div 5 \div 4 =$

⑩ $\frac{4}{9} \div 3 \div 4 =$

⑪ $\frac{8}{9} \div 3 \div 12 =$

⑫ $\frac{3}{10} \div 5 \div 6 =$

⑬ $\frac{7}{10} \div 7 \div 3 =$

⑭ $\frac{9}{10} \div 6 \div 6 =$

⑮ $\frac{4}{11} \div 2 \div 7 =$

⑯ $\frac{6}{11} \div 4 \div 5 =$

⑰ $\frac{9}{11} \div 3 \div 8 =$

⑱ $\frac{10}{11} \div 6 \div 4 =$

⑲ $\frac{5}{12} \div 4 \div 10 =$

⑳ $\frac{11}{12} \div 11 \div 3 =$

㉑ $\frac{6}{13} \div 4 \div 9 =$

㉒ $\frac{9}{14} \div 3 \div 6 =$

○ 계산을 하여 기약분수로 나타내어 보세요.

㉓ $\frac{3}{4} \div 2 \div 5 =$

㉔ $\frac{4}{7} \div 3 \div 6 =$

㉕ $\frac{5}{8} \div 4 \div 10 =$

㉖ $\frac{7}{9} \div 6 \div 14 =$

㉗ $\frac{3}{10} \div 6 \div 2 =$

㉘ $\frac{9}{10} \div 3 \div 5 =$

㉙ $\frac{8}{11} \div 4 \div 6 =$

㉚ $\frac{10}{11} \div 15 \div 4 =$

㉛ $\frac{11}{12} \div 3 \div 22 =$

㉜ $\frac{4}{13} \div 6 \div 8 =$

㉝ $\frac{10}{13} \div 5 \div 5 =$

㉞ $\frac{9}{14} \div 12 \div 2 =$

㉟ $\frac{8}{15} \div 2 \div 6 =$

㊱ $\frac{14}{15} \div 7 \div 4 =$

㊲ $1\frac{1}{5}\div4\div5=$

㊳ $1\frac{3}{7}\div5\div3=$

㊴ $1\frac{5}{9}\div4\div7=$

㊵ $2\frac{1}{4}\div6\div6=$

㊶ $2\frac{5}{8}\div6\div2=$

㊷ $2\frac{2}{9}\div5\div6=$

㊸ $2\frac{7}{10}\div9\div4=$

㊹ $3\frac{3}{5}\div6\div6=$

㊺ $3\frac{3}{7}\div4\div8=$

㊻ $3\frac{3}{8}\div3\div12=$

㊼ $3\frac{9}{10}\div13\div4=$

㊽ $4\frac{4}{5}\div10\div6=$

㊾ $4\frac{1}{6}\div15\div10=$

㊿ $4\frac{4}{9}\div12\div5=$

11 어떤 수 구하기

원리 곱셈과 나눗셈의 관계

▲×●=■ → ●=■÷▲, ▲=■÷●

적용 곱셈식의 어떤 수(□) 구하기

• $2\times\square=\frac{4}{7}$ → $\square=\frac{4}{7}\div2=\frac{2}{7}$

• $\square\times2=\frac{3}{4}$ → $\square=\frac{3}{4}\div2=\frac{3}{8}$

○ 어떤 수(□)를 구하려고 합니다. 빈칸에 알맞은 기약분수를 써넣으세요.

1. $8\times\square=5$

   $5\div8=\square$

2. $4\times\square=\frac{8}{9}$

   $\frac{8}{9}\div4=\square$

3. $6\times\square=\frac{10}{11}$

   $\frac{10}{11}\div6=\square$

4. $3\times\square=\frac{12}{7}$

   $\frac{12}{7}\div3=\square$

5. $20\times\square=\frac{25}{12}$

   $\frac{25}{12}\div20=\square$

6. $7\times\square=2\frac{4}{5}$

   $2\frac{4}{5}\div7=\square$

7. $\square \times 11 = 4$

$4 \div 11 = \square$

8. $\square \times 9 = 16$

$16 \div 9 = \square$

9. $\square \times 5 = \frac{5}{7}$

$\frac{5}{7} \div 5 = \square$

10. $\square \times 3 = \frac{12}{13}$

$\frac{12}{13} \div 3 = \square$

11. $\square \times 4 = \frac{3}{10}$

$\frac{3}{10} \div 4 = \square$

12. $\square \times 6 = \frac{14}{15}$

$\frac{14}{15} \div 6 = \square$

13. $\square \times 4 = \frac{24}{13}$

$\frac{24}{13} \div 4 = \square$

14. $\square \times 8 = \frac{28}{15}$

$\frac{28}{15} \div 8 = \square$

15. $\square \times 9 = 3\frac{3}{10}$

$3\frac{3}{10} \div 9 = \square$

16. $\square \times 8 = 4\frac{4}{7}$

$4\frac{4}{7} \div 8 = \square$

● 어떤 수(□)를 구하려고 합니다. 빈칸에 알맞은 기약분수를 써넣으세요.

⑰ $7\times\square=2$

⑱ $5\times\square=17$

⑲ $3\times\square=\frac{9}{10}$

⑳ $5\times\square=\frac{20}{21}$

㉑ $6\times\square=\frac{15}{17}$

㉒ $12\times\square=\frac{18}{19}$

㉓ $3\times\square=\frac{15}{7}$

㉔ $8\times\square=\frac{16}{9}$

㉕ $9\times\square=\frac{21}{13}$

㉖ $10\times\square=\frac{25}{14}$

㉗ $9\times\square=4\frac{1}{8}$

㉘ $6\times\square=5\frac{2}{5}$

㉙ $\square \times 14 = 3$

㉚ $\square \times 4 = 19$

㉛ $\square \times 2 = \frac{10}{11}$

㉜ $\square \times 3 = \frac{12}{17}$

㉝ $\square \times 8 = \frac{10}{13}$

㉞ $\square \times 12 = \frac{9}{16}$

㉟ $\square \times 7 = \frac{35}{6}$

㊱ $\square \times 9 = \frac{27}{10}$

㊲ $\square \times 4 = \frac{18}{11}$

㊳ $\square \times 6 = \frac{28}{15}$

㊴ $\square \times 5 = 2\frac{7}{9}$

㊵ $\square \times 10 = 3\frac{3}{7}$

12 계산 Plus+

분수와 자연수의 혼합 계산

○ 빈칸에 알맞은 기약분수를 써넣으세요.

1. $\frac{8}{9}$ → ×10 → ÷4 → □

   $\frac{8}{9}\times10\div4$를 계산해요.

2. $\frac{3}{10}$ → ×8 → ÷6 → □

3. $1\frac{7}{9}$ → ×6 → ÷8 → □

4. $\frac{5}{6}$ → ÷7 → ×15 → □

5. $\frac{7}{8}$ → ÷14 → ×3 → □

6. $1\frac{4}{5}$ → ÷12 → ×2 → □

7. $\frac{6}{7}$ → ÷2 → ÷4 → □

8. $\frac{9}{11}$ → ÷3 → ÷6 → □

9 $\frac{4}{5}$ → ×2 → ÷3 → □

$\frac{4}{5}\times2\div3$을 계산해요.

14 $\frac{4}{9}$ → ÷6 → ×5 → □

10 $\frac{6}{7}$ → ×4 → ÷12 → □

15 $\frac{5}{9}$ → ÷5 → ÷8 → □

11 $\frac{9}{10}$ → ×4 → ÷6 → □

16 $\frac{7}{12}$ → ÷6 → ÷7 → □

12 $\frac{3}{5}$ → ÷9 → ×2 → □

17 $\frac{14}{15}$ → ÷4 → ÷3 → □

13 $\frac{5}{8}$ → ÷15 → ×4 → □

18 $2\frac{5}{8}$ → ÷2 → ÷6 → □

● 관계있는 것끼리 선으로 이어 보세요.

◎ 사다리를 타고 내려가서 도착한 곳에 계산 결과를 기약분수로 써넣으세요. (단, 사다리 타기는 사다리를 타고 내려가다가 가로로 놓인 선을 만날 때마다 가로선을 따라 꺾어서 맨 아래까지 내려가는 놀이입니다.)

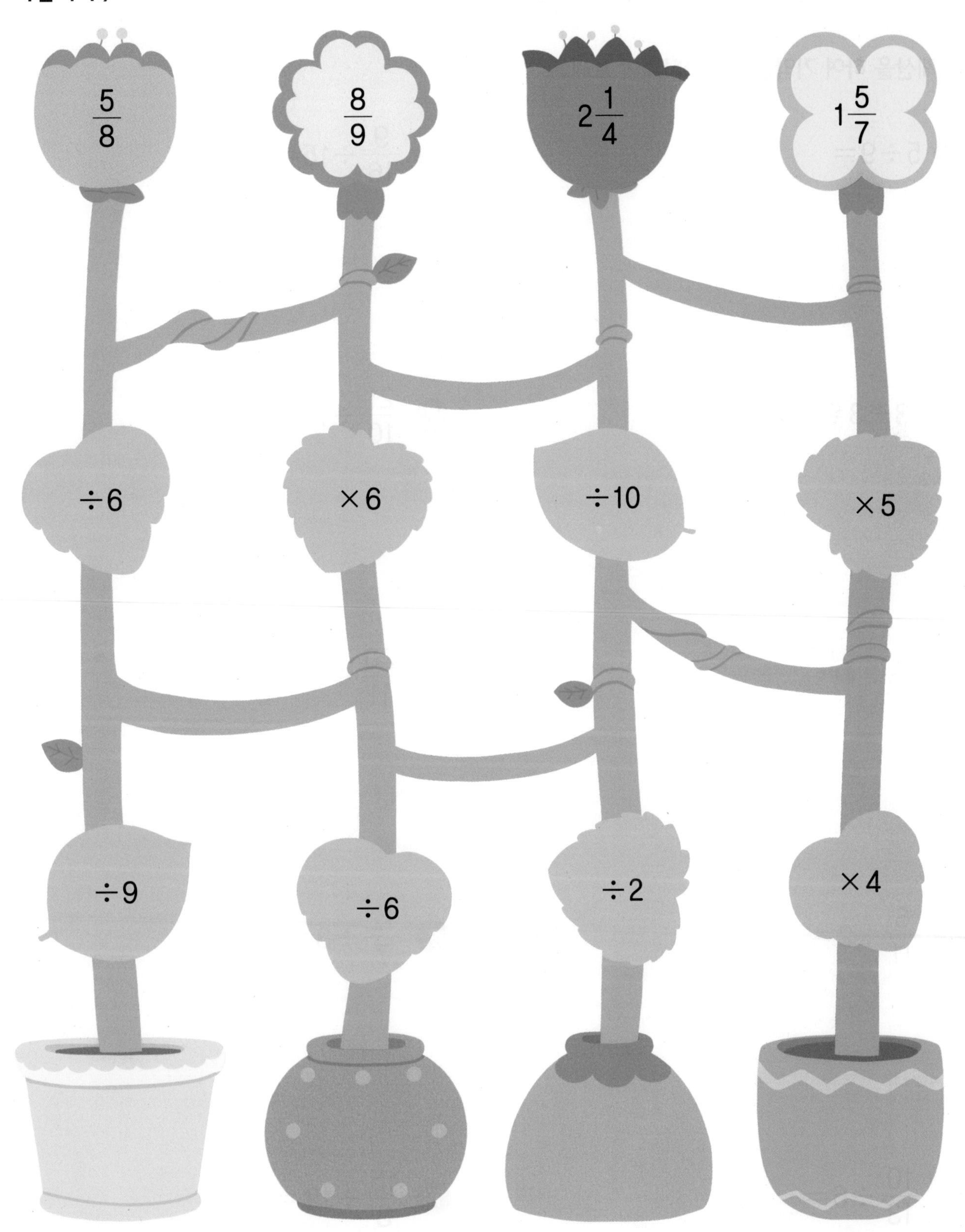

13 분수의 나눗셈 평가

공부한 날짜 월 일

◎ 계산을 하여 기약분수로 나타내어 보세요.

① $5 \div 9 =$

② $13 \div 3 =$

③ $\frac{4}{9} \div 4 =$

④ $\frac{6}{11} \div 2 =$

⑤ $\frac{10}{13} \div 6 =$

⑥ $\frac{9}{16} \div 15 =$

⑦ $\frac{21}{10} \div 7 =$

⑧ $\frac{20}{11} \div 5 =$

⑨ $\frac{12}{7} \div 8 =$

⑩ $\frac{15}{8} \div 12 =$

⑪ $1\frac{5}{9} \div 2 =$

⑫ $2\frac{2}{5} \div 4 =$

⑬ $\frac{9}{10} \times 2 \div 6 =$

⑭ $1\frac{1}{7} \div 6 \times 4 =$

⑮ $\frac{14}{15} \div 5 \div 7 =$

⑯ $3\frac{3}{7} \div 10 \div 3 =$

● 빈칸에 알맞은 기약분수를 써넣으세요.

⑰

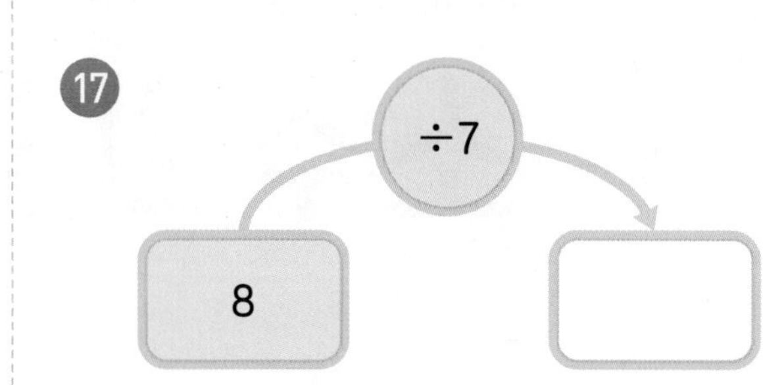

⑱

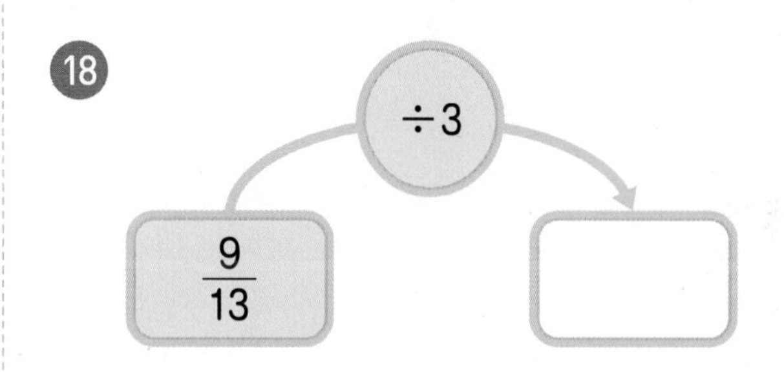

⑲

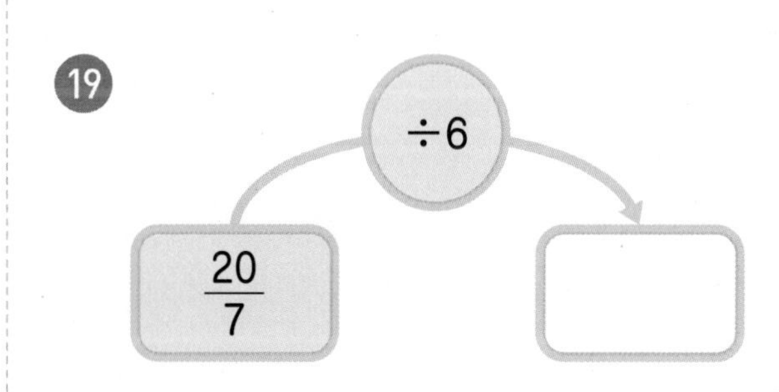

⑳

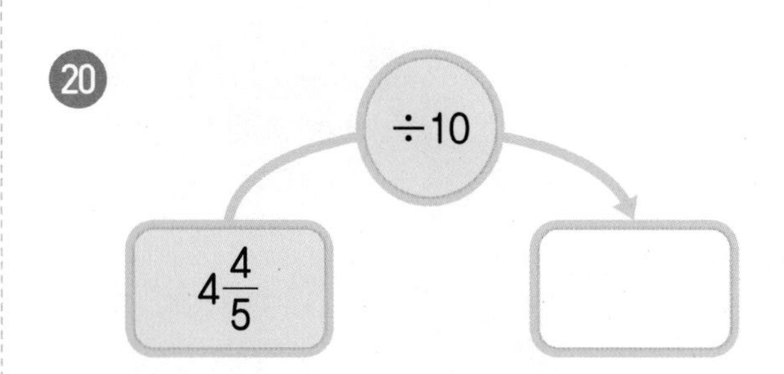

2 소수의 나눗셈

(소수)÷(자연수), (자연수)÷(자연수)에서
몫을 소수로 나타내는 것이 중요한

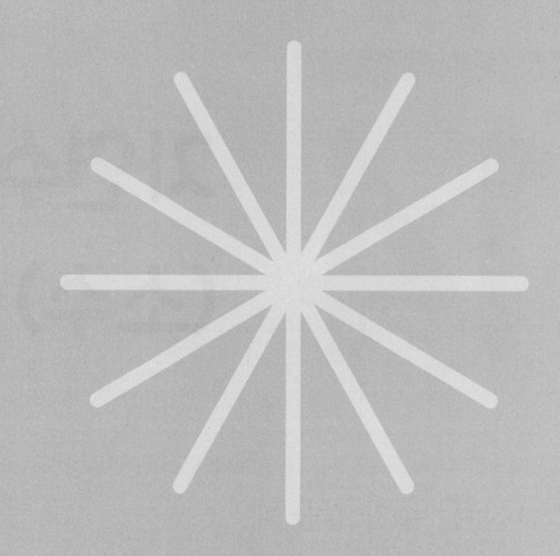

공부한 날짜 월 일

14 자연수의 나눗셈을 이용한 (소수) ÷ (자연수)

나누는 수가 같을 때,

나누어지는 수가 $\frac{1}{10}$배, $\frac{1}{100}$배가 되면

몫도 $\frac{1}{10}$배, $\frac{1}{100}$배가 됩니다.

($\frac{1}{10}$배: 몫의 소수점은 왼쪽으로 1칸 이동, $\frac{1}{100}$배: 몫의 소수점은 왼쪽으로 2칸 이동)

246 ÷ 2 = 123

$\frac{1}{10}$배 ↓   ↓ $\frac{1}{10}$배

24.6 ÷ 2 = 12.3

$\frac{1}{100}$배 ↓   ↓ $\frac{1}{100}$배

2.46 ÷ 2 = 1.23

◎ □ 안에 알맞은 수를 써넣으세요.

1

228 ÷ 2 = 114

$\frac{1}{10}$배 ↓   ↓ $\frac{1}{10}$배

22.8 ÷ 2 = □

2

336 ÷ 3 = 112

$\frac{1}{10}$배 ↓   ↓ $\frac{1}{10}$배

33.6 ÷ 3 = □

3

396 ÷ 3 = 132

$\frac{1}{100}$배 ↓   ↓ $\frac{1}{100}$배

3.96 ÷ 3 = □

4

484 ÷ 4 = 121

$\frac{1}{100}$배 ↓   ↓ $\frac{1}{100}$배

4.84 ÷ 4 = □

5

$262 \div 2 = 131$

$\frac{1}{10}$배 ↓　　　　　□배 ↓

$26.2 \div 2 = $ □

9

$286 \div 2 = 143$

$\frac{1}{100}$배 ↓　　　　　□배 ↓

$2.86 \div 2 = $ □

6

$363 \div 3 = 121$

$\frac{1}{10}$배 ↓　　　　　□배 ↓

$36.3 \div 3 = $ □

10

$468 \div 2 = 234$

$\frac{1}{100}$배 ↓　　　　　□배 ↓

$4.68 \div 2 = $ □

7

$448 \div 4 = 112$

$\frac{1}{10}$배 ↓　　　　　□배 ↓

$44.8 \div 4 = $ □

11

$808 \div 4 = 202$

$\frac{1}{100}$배 ↓　　　　　□배 ↓

$8.08 \div 4 = $ □

8

$693 \div 3 = 231$

$\frac{1}{10}$배 ↓　　　　　□배 ↓

$69.3 \div 3 = $ □

12

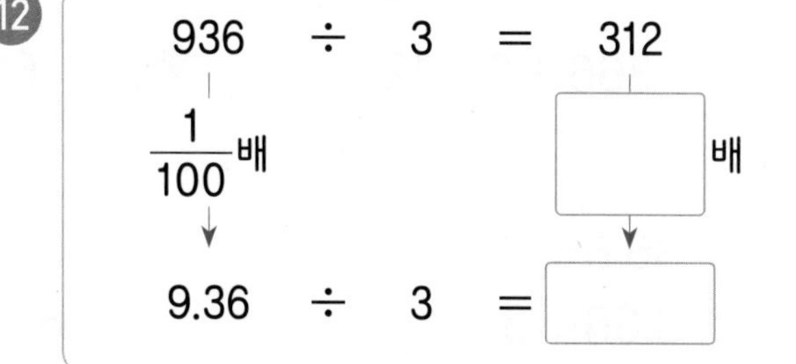

$936 \div 3 = 312$

$\frac{1}{100}$배 ↓　　　　　□배 ↓

$9.36 \div 3 = $ □

○ 자연수의 나눗셈을 이용하여 소수의 나눗셈을 계산해 보세요.

⑬ $226 \div 2 = 113$

⇩

$22.6 \div 2 =$
$2.26 \div 2 =$

⑭ $268 \div 2 = 134$

⇩

$26.8 \div 2 =$
$2.68 \div 2 =$

⑮ $309 \div 3 = 103$

⇩

$30.9 \div 3 =$
$3.09 \div 3 =$

⑯ $366 \div 3 = 122$

⇩

$36.6 \div 3 =$
$3.66 \div 3 =$

⑰ $406 \div 2 = 203$

⇩

$40.6 \div 2 =$
$4.06 \div 2 =$

⑱ $488 \div 4 = 122$

⇩

$48.8 \div 4 =$
$4.88 \div 4 =$

⑲ $639 \div 3 = 213$

⇩

$63.9 \div 3 =$
$6.39 \div 3 =$

⑳ $662 \div 2 = 331$

⇩

$66.2 \div 2 =$
$6.62 \div 2 =$

㉑ $699 \div 3 = 233$

⇩

$69.9 \div 3 =$
$6.99 \div 3 =$

㉒ $804 \div 4 = 201$

⇩

$80.4 \div 4 =$
$8.04 \div 4 =$

㉓ $826 \div 2 = 413$

⇩

$82.6 \div 2 =$
$8.26 \div 2 =$

㉔ $848 \div 4 = 212$

⇩

$84.8 \div 4 =$
$8.48 \div 4 =$

㉕ $208 \div 2 =$
$20.8 \div 2 =$
$2.08 \div 2 =$

㉖ $248 \div 2 =$
$24.8 \div 2 =$
$2.48 \div 2 =$

㉗ $284 \div 2 =$
$28.4 \div 2 =$
$2.84 \div 2 =$

㉘ $306 \div 3 =$
$30.6 \div 3 =$
$3.06 \div 3 =$

㉙ $369 \div 3 =$
$36.9 \div 3 =$
$3.69 \div 3 =$

㉚ $408 \div 4 =$
$40.8 \div 4 =$
$4.08 \div 4 =$

㉛ $482 \div 2 =$
$48.2 \div 2 =$
$4.82 \div 2 =$

㉜ $609 \div 3 =$
$60.9 \div 3 =$
$6.09 \div 3 =$

㉝ $648 \div 2 =$
$64.8 \div 2 =$
$6.48 \div 2 =$

㉞ $682 \div 2 =$
$68.2 \div 2 =$
$6.82 \div 2 =$

㉟ $696 \div 3 =$
$69.6 \div 3 =$
$6.96 \div 3 =$

㊱ $804 \div 2 =$
$80.4 \div 2 =$
$8.04 \div 2 =$

㊲ $884 \div 4 =$
$88.4 \div 4 =$
$8.84 \div 4 =$

㊳ $906 \div 3 =$
$90.6 \div 3 =$
$9.06 \div 3 =$

㊴ $969 \div 3 =$
$96.9 \div 3 =$
$9.69 \div 3 =$

15 각 자리에서 나누어떨어지지 않는 (소수)÷(자연수)

3.4÷2의 계산

```
   1 7              1.7
2 ) 3 4   ➜    2 ) 3.4
   2                2
   1 4              1 4
   1 4              1 4
     0                0
```

나누어지는 수의 소수점 위치에 맞춰 결괏값에 소수점을 올려 찍습니다.

계산해 보세요.

1. 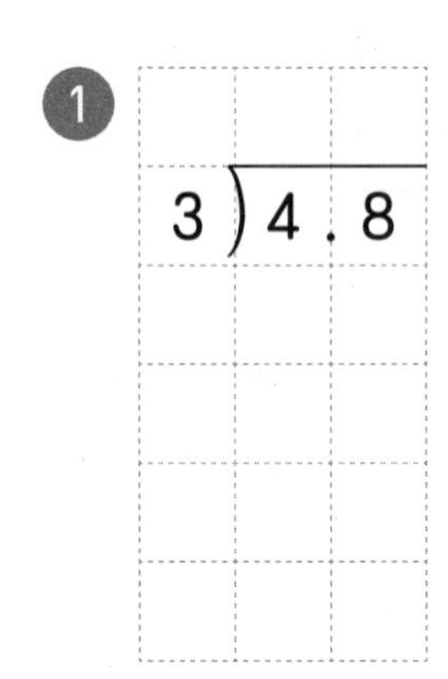

2. 3)11.1

3. 2)5.6

4. 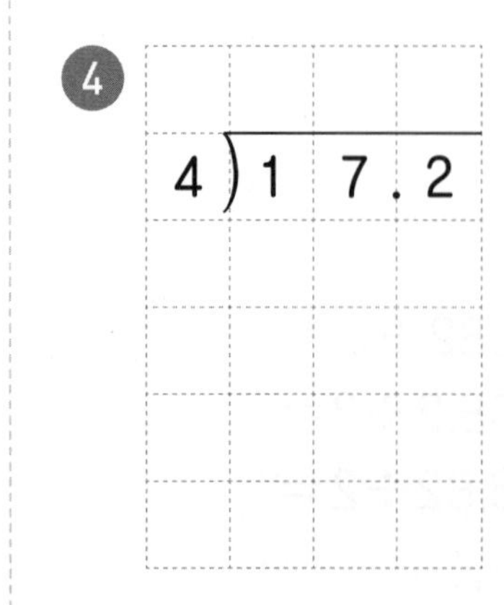

5. 4)7.6

6. 5)18.5

7 $4\overline{)5.6}$

11 $5\overline{)23.5}$

15 $5\overline{)14.15}$

8 $5\overline{)6.5}$

12 $6\overline{)25.2}$

16 $4\overline{)38.16}$

9 $3\overline{)7.2}$

13 $3\overline{)29.1}$

17 $6\overline{)40.14}$

10 $2\overline{)7.4}$

14 $4\overline{)34.8}$

18 $8\overline{)50.24}$

계산해 보세요.

⑲ $3.2 \div 2 =$

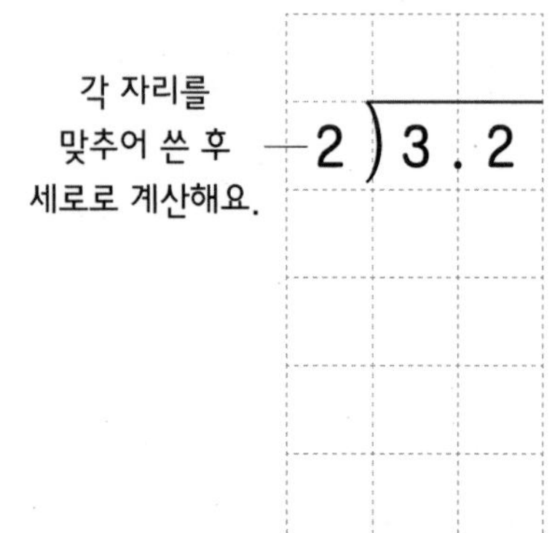

각 자리를
맞추어 쓴 후
세로로 계산해요.
2)3.2

⑳ $18.4 \div 4 =$

㉑ $26.37 \div 3 =$

㉒ $5.4 \div 3 =$

㉓ $24.5 \div 5 =$

㉔ $32.22 \div 6 =$

㉕ $9.8 \div 7 =$

㉖ $39.2 \div 8 =$

㉗ $51.48 \div 9 =$

㉘ $6.4 \div 4 =$

㉙ $9.8 \div 2 =$

㉚ $10.8 \div 3 =$

㉛ $15.4 \div 7 =$

㉜ $19.5 \div 5 =$

㉝ $25.2 \div 9 =$

㉞ $27.2 \div 8 =$

㉟ $38.4 \div 6 =$

㊱ $39.2 \div 2 =$

㊲ $43.2 \div 3 =$

㊳ $56.5 \div 5 =$

㊴ $68.4 \div 6 =$

㊵ $78.8 \div 4 =$

㊶ $86.8 \div 7 =$

㊷ $19.41 \div 3 =$

㊸ $21.15 \div 9 =$

㊹ $37.92 \div 6 =$

㊺ $51.45 \div 7 =$

㊻ $53.84 \div 4 =$

㊼ $61.75 \div 5 =$

㊽ $93.92 \div 8 =$

16 계산 Plus+

소수의 나눗셈 (1)

○ 빈칸에 알맞은 수를 써넣으세요.

1
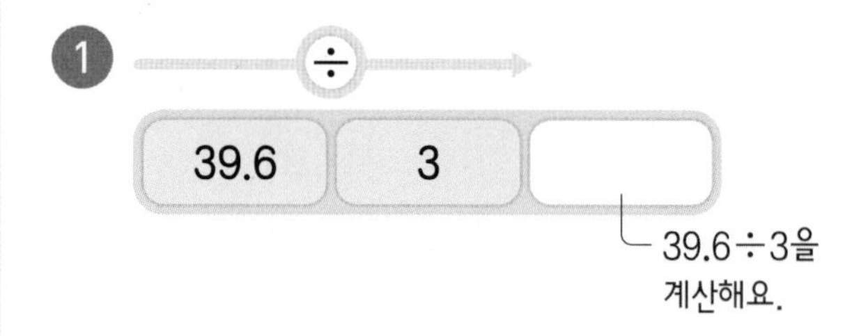

5
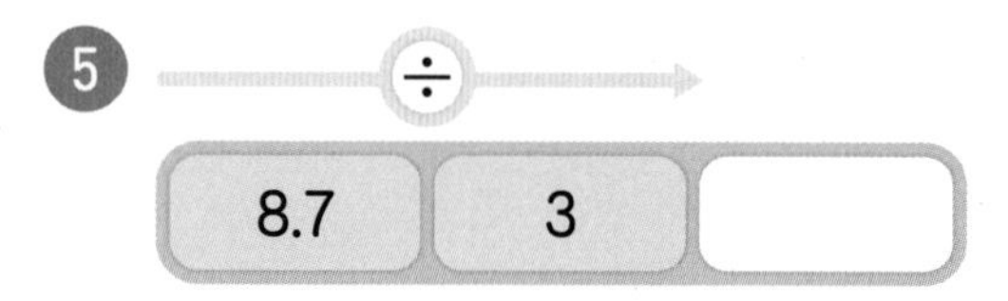

2
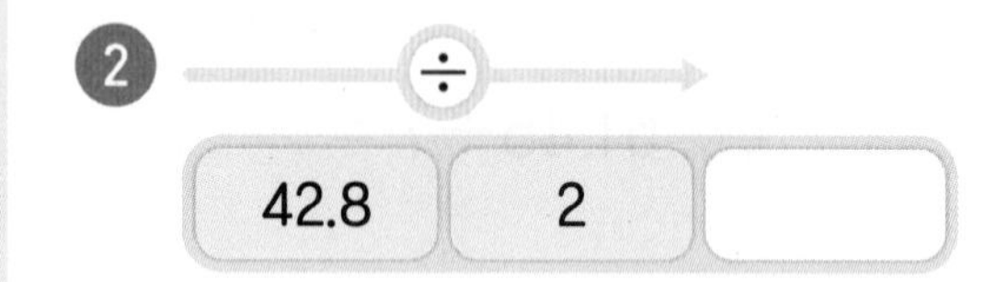

6
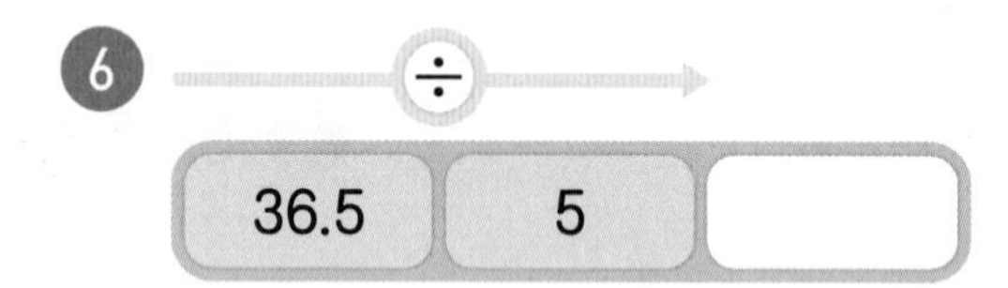

3
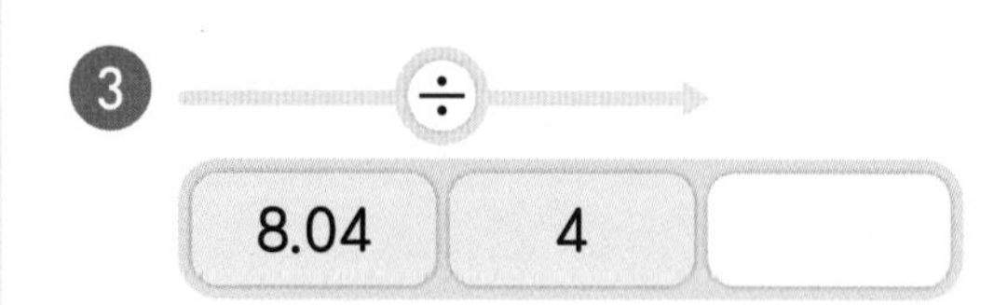

7
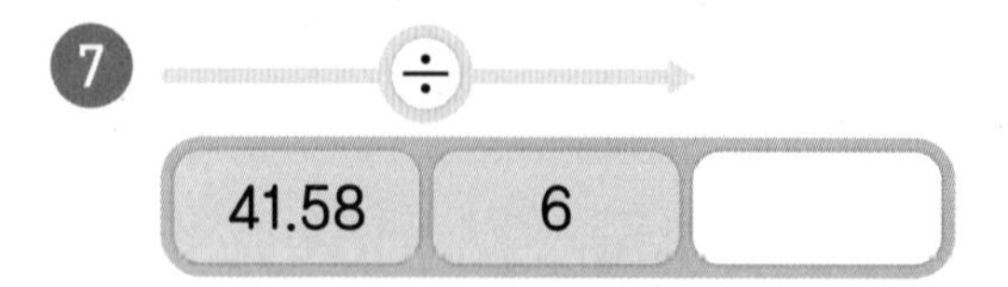

4
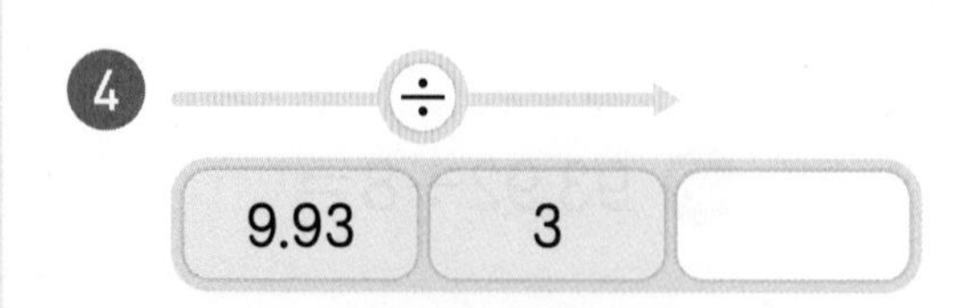

8
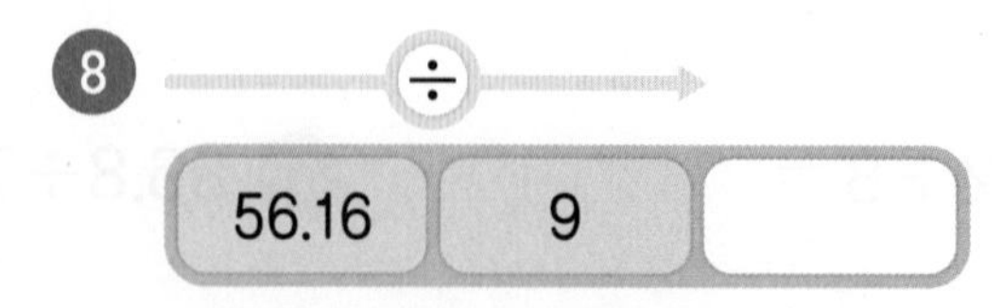

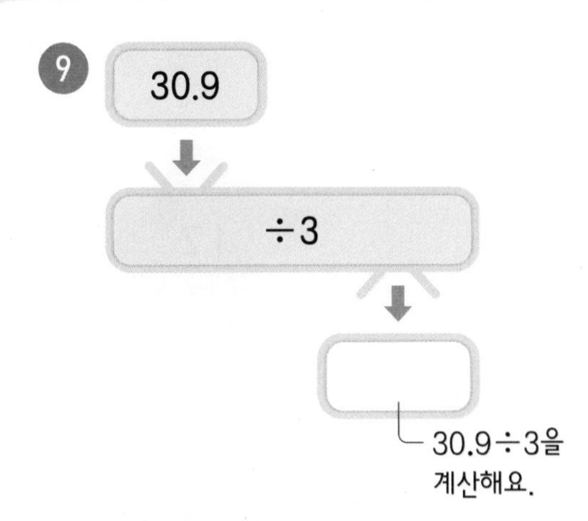
9
30.9
÷3
30.9÷3을
계산해요.

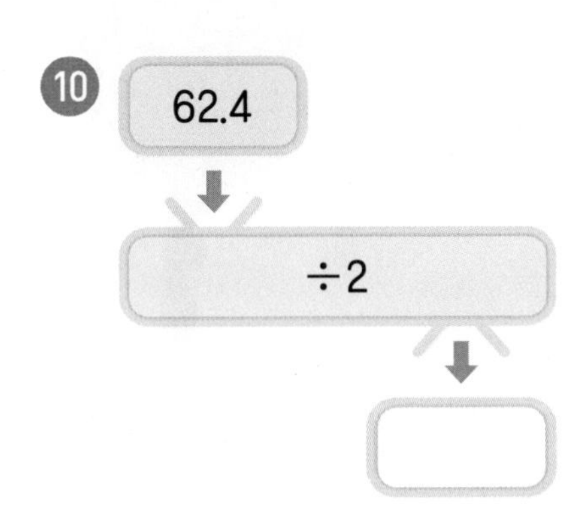
10
62.4
÷2

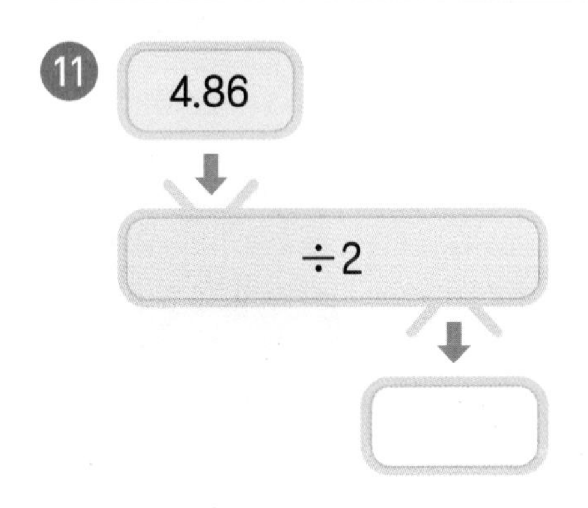
11
4.86
÷2

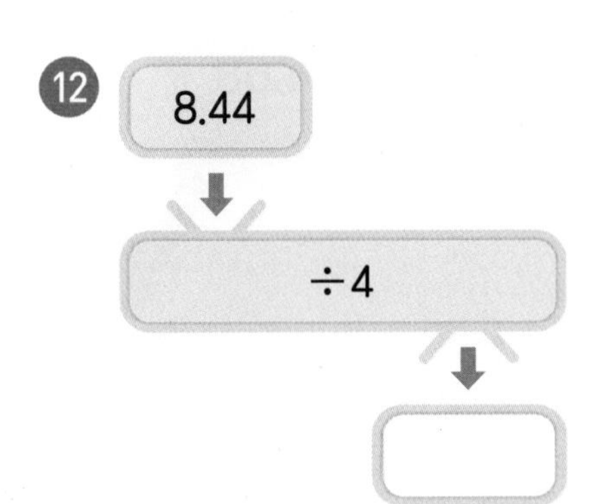
12
8.44
÷4

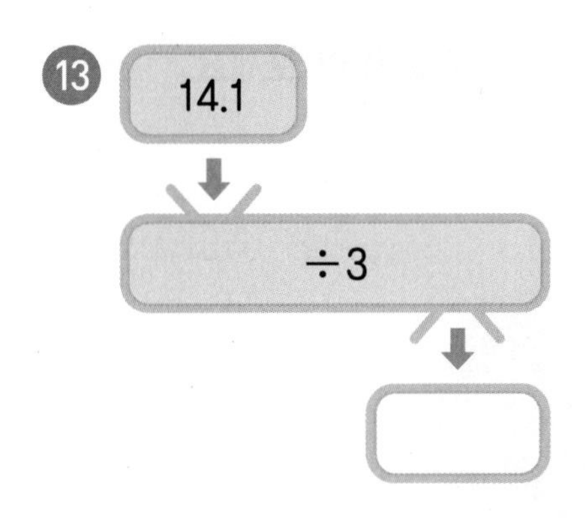
13
14.1
÷3

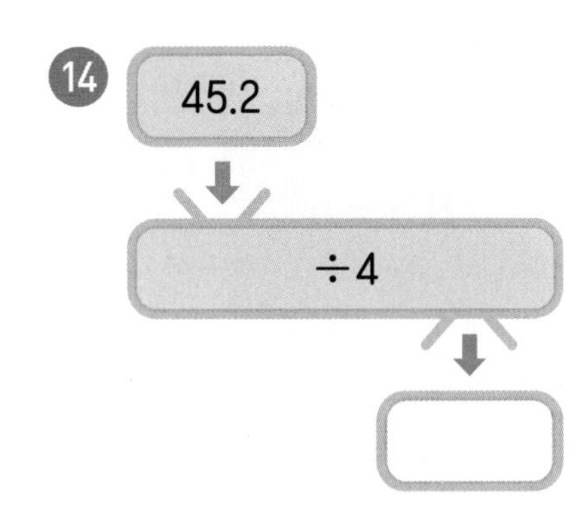
14
45.2
÷4

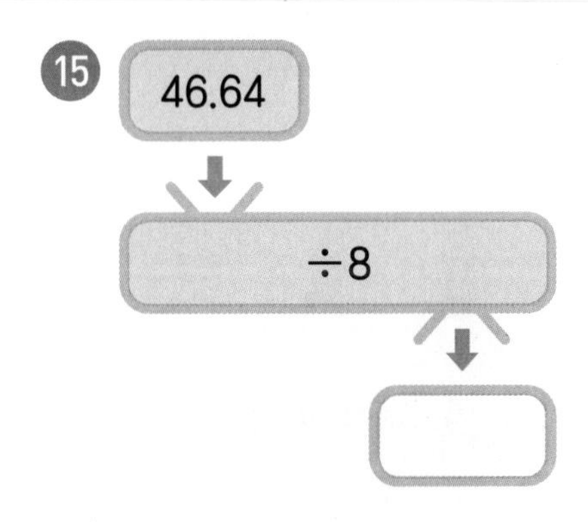
15
46.64
÷8

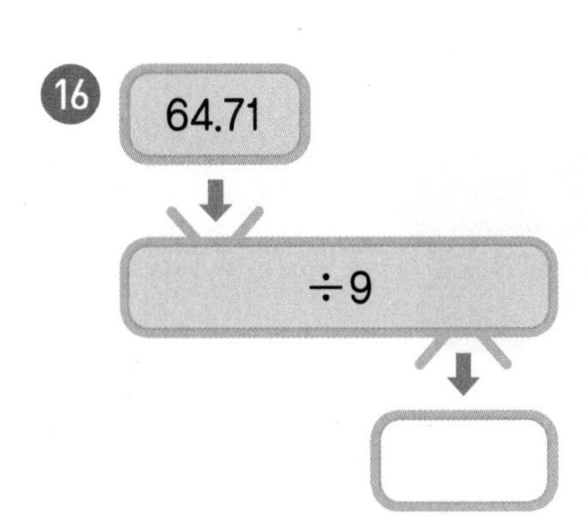
16
64.71
÷9

◎ 관계있는 것끼리 선으로 이어 보세요.

나눗셈을 하여 몫을 그림에서 찾아 색칠해 보세요.

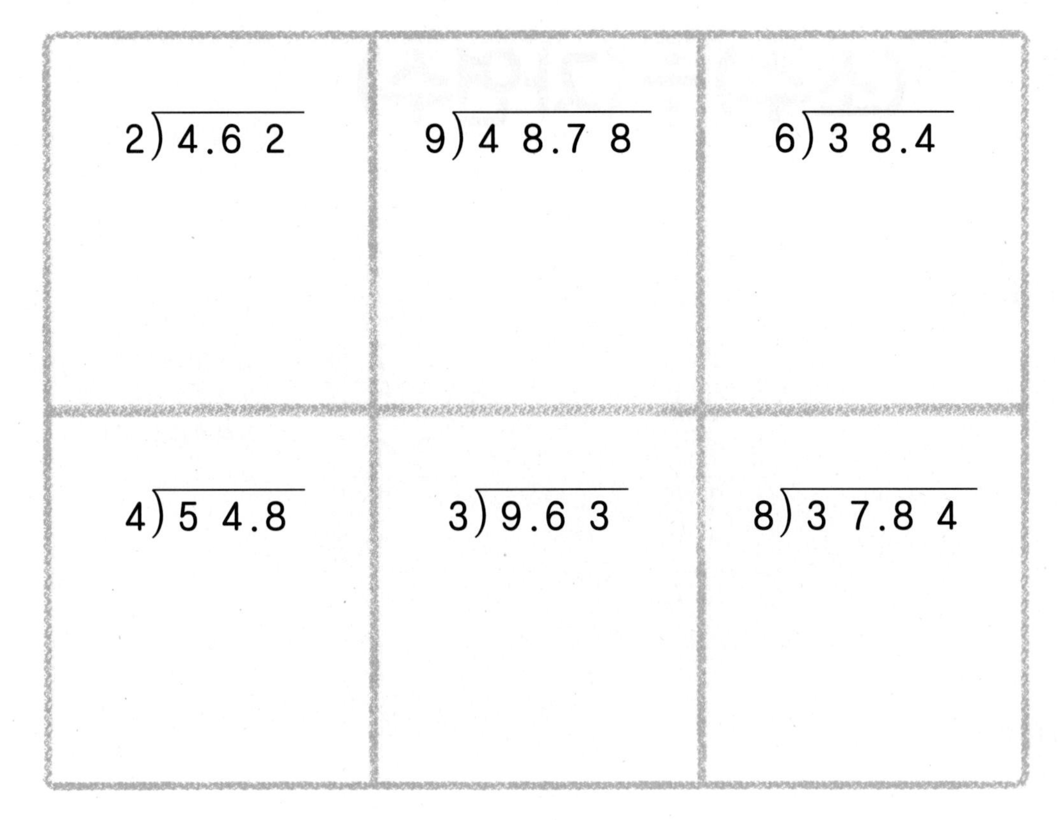

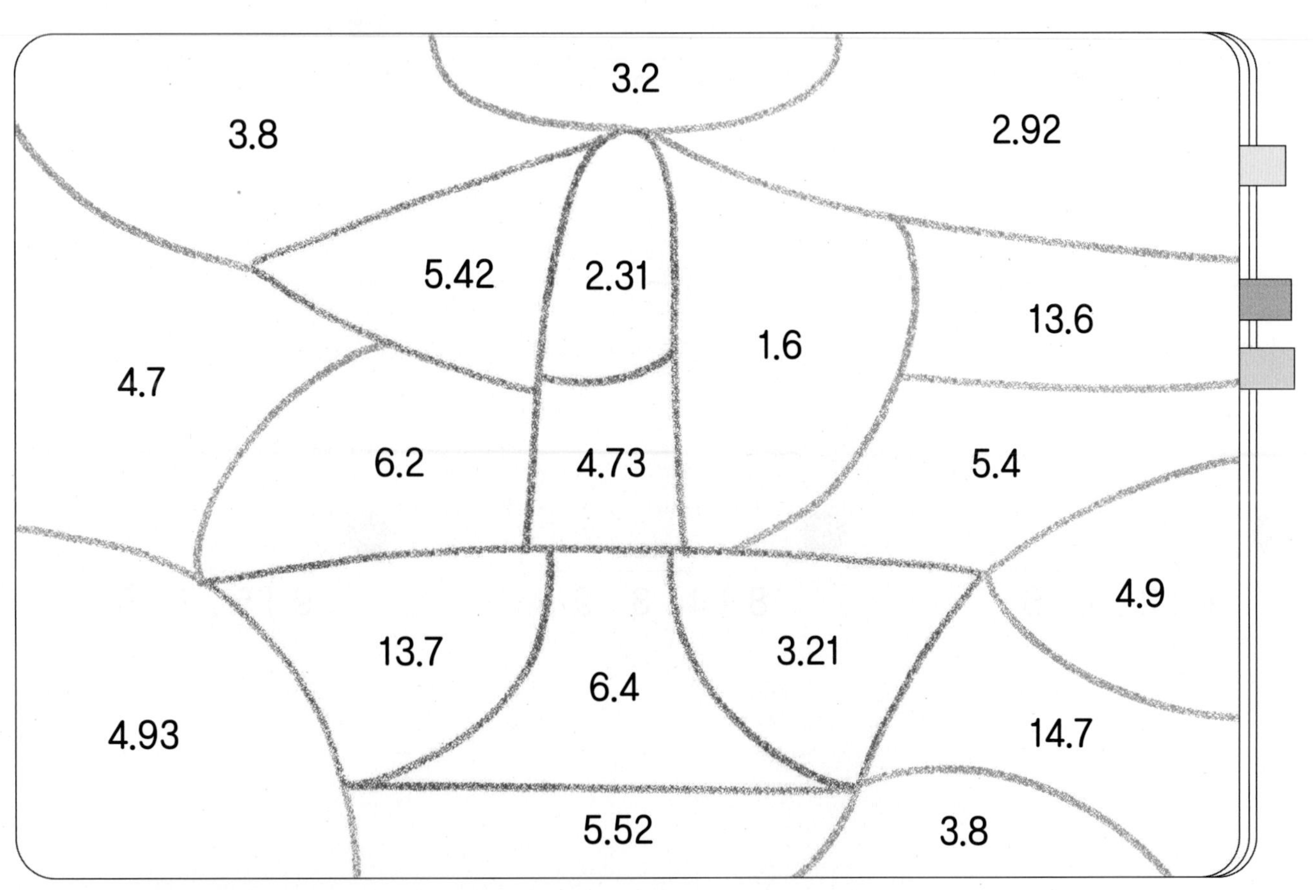

몫이 1보다 작은 소수인 (소수)÷(자연수)

2.25÷3의 계산

```
      7 5               0.7 5
3 ) 2 2 5    ➜    3 ) 2.2 5
    2 1                 2 1
    ───                 ───
      1 5                 1 5
      1 5                 1 5
      ───                 ───
        0                   0
```

2를 3으로 나눌 수 없으므로 몫의 일의 자리에 0을 씁니다.

계산해 보세요.

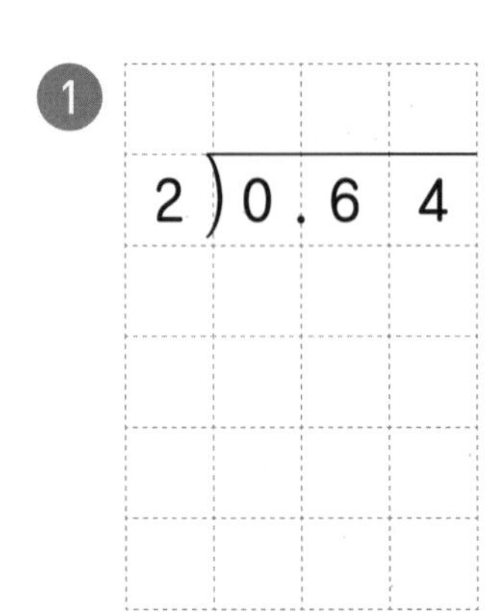

① $2\overline{)0.64}$

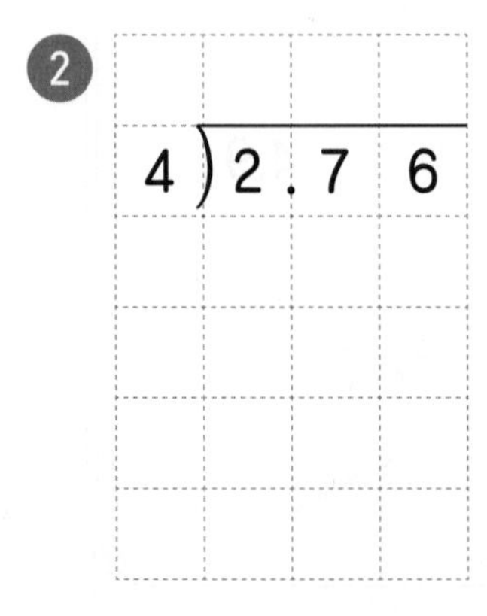

② $4\overline{)2.76}$

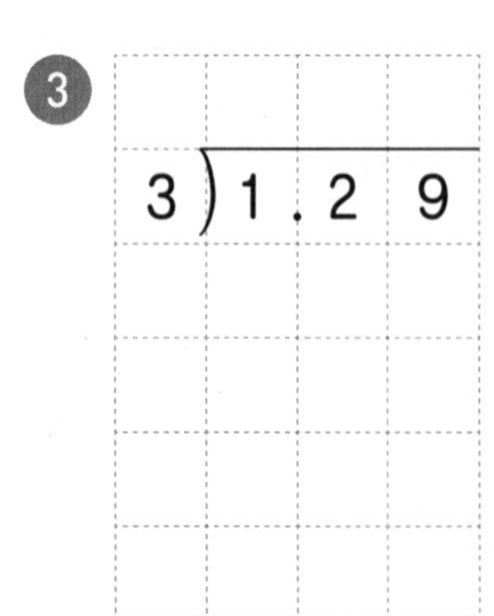

③ $3\overline{)1.29}$

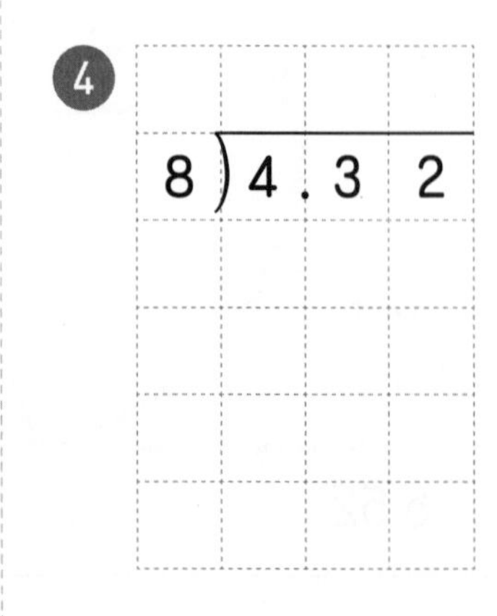

④ $8\overline{)4.32}$

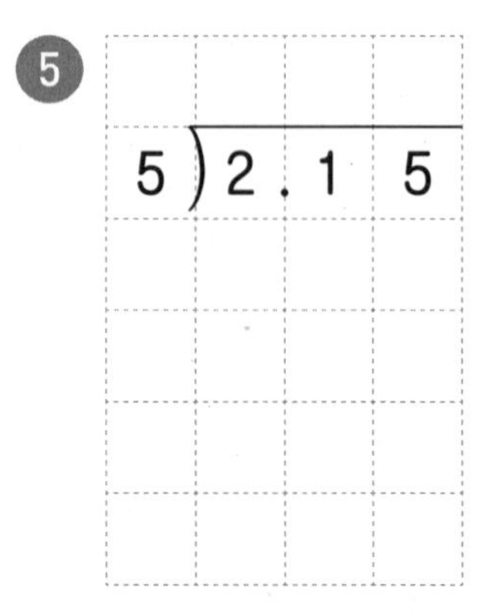

⑤ $5\overline{)2.15}$

⑥ $9\overline{)5.76}$

7 $4\overline{)0.68}$

8 $3\overline{)0.87}$

9 $6\overline{)1.56}$

10 $7\overline{)2.59}$

11 $3\overline{)2.94}$

12 $4\overline{)3.12}$

13 $9\overline{)3.78}$

14 $5\overline{)4.25}$

15 $8\overline{)5.04}$

16 $7\overline{)5.18}$

17 $6\overline{)5.64}$

18 $9\overline{)6.75}$

◎ 계산해 보세요.

⑲ $0.94 \div 2 =$

⑳ $3.15 \div 7 =$

㉑ $5.22 \div 9 =$

㉒ $1.47 \div 3 =$

㉓ $3.52 \div 4 =$

㉔ $5.52 \div 6 =$

㉕ $2.45 \div 5 =$

㉖ $4.96 \div 8 =$

㉗ $6.86 \div 7 =$

㉘ $0.78 \div 3 =$

㉙ $1.35 \div 5 =$

㉚ $1.74 \div 6 =$

㉛ $2.45 \div 7 =$

㉜ $2.96 \div 8 =$

㉝ $3.48 \div 4 =$

㉞ $3.75 \div 5 =$

㉟ $4.32 \div 6 =$

㊱ $4.77 \div 9 =$

㊲ $5.12 \div 8 =$

㊳ $5.58 \div 9 =$

㊴ $5.88 \div 7 =$

㊵ $5.94 \div 6 =$

㊶ $6.24 \div 8 =$

㊷ $6.79 \div 7 =$

㊸ $7.02 \div 9 =$

㊹ $7.68 \div 8 =$

㊺ $8.64 \div 9 =$

| 공부한 날짜 월 일 |

18 소수점 아래 0을 내려 계산해야 하는 (소수)÷(자연수)

2.6÷4의 계산

```
      6 5                0.6 5
  4 ) 2 6 0    →    4 ) 2.6 0
      2 4                2 4
      -----              -----
        2 0                2 0
        2 0                2 0
      -----              -----
          0                  0
```

소수점 아래에서 나누어떨어지지 않는 경우 0을 내려 계산합니다.

계산해 보세요.

① 5)1.6

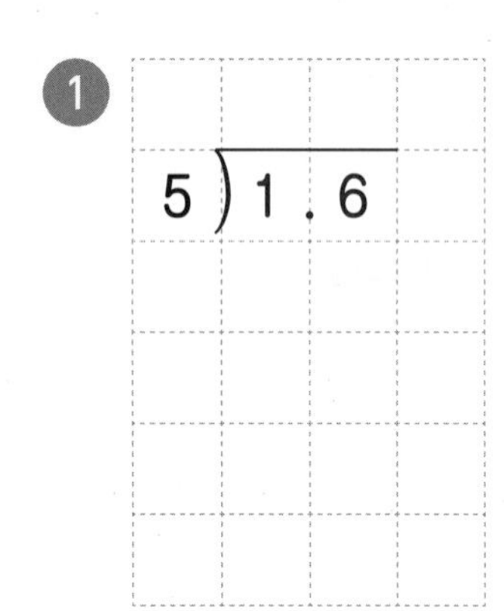

③ 6)2.7

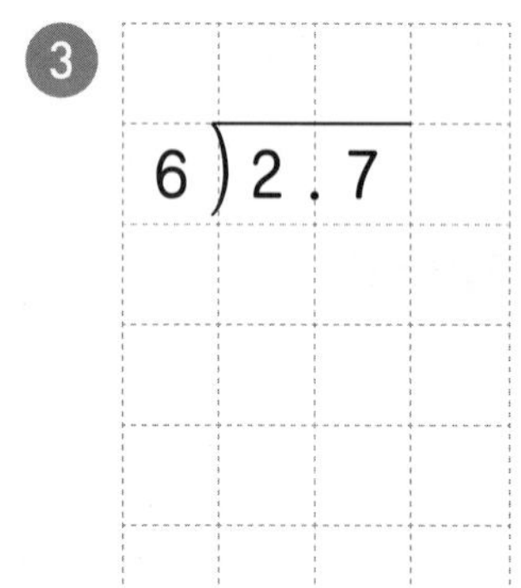

⑤ 4)3.4

② 6)4.5

④ 5)4.8

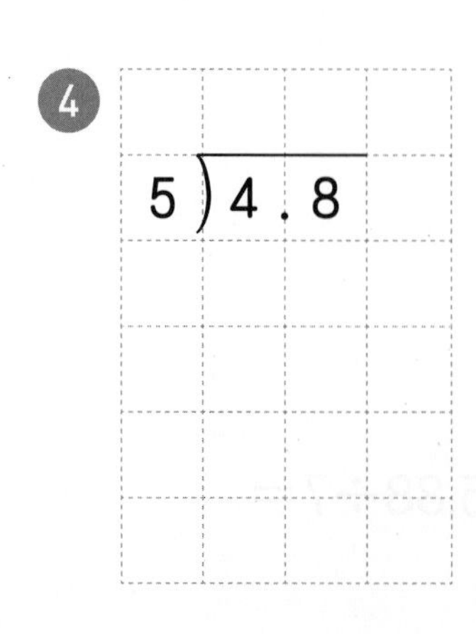

⑥ 8)5.2

7. $4\overline{)0.6}$

11. $6\overline{)5.7}$

15. $6\overline{)15.9}$

8. $2\overline{)0.7}$

12. $8\overline{)6.8}$

16. $8\overline{)18.8}$

9. $6\overline{)1.5}$

13. $5\overline{)7.6}$

17. $6\overline{)20.7}$

10. $5\overline{)2.1}$

14. $4\overline{)7.8}$

18. $4\overline{)31.4}$

○ 계산해 보세요.

⑲ $1.8 \div 4 =$

⑳ $7.5 \div 6 =$

㉑ $11.4 \div 5 =$

㉒ $3.8 \div 5 =$

㉓ $8.6 \div 4 =$

㉔ $13.5 \div 6 =$

㉕ $4.4 \div 8 =$

㉖ $9.2 \div 8 =$

㉗ $14.2 \div 4 =$

㉘ $0.7 \div 5 =$

㉙ $1.2 \div 8 =$

㉚ $1.5 \div 2 =$

㉛ $2.1 \div 6 =$

㉜ $2.2 \div 4 =$

㉝ $3.4 \div 5 =$

㉞ $3.8 \div 4 =$

㉟ $3.9 \div 6 =$

㊱ $4.7 \div 5 =$

㊲ $7.6 \div 8 =$

㊳ $7.7 \div 2 =$

㊴ $8.7 \div 6 =$

㊵ $9.8 \div 4 =$

㊶ $12.6 \div 5 =$

㊷ $16.5 \div 6 =$

㊸ $28.6 \div 4 =$

㊹ $33.2 \div 8 =$

㊺ $47.1 \div 6 =$

19 계산 Plus+

소수의 나눗셈 (2)

○ 빈칸에 알맞은 수를 써넣으세요.

1
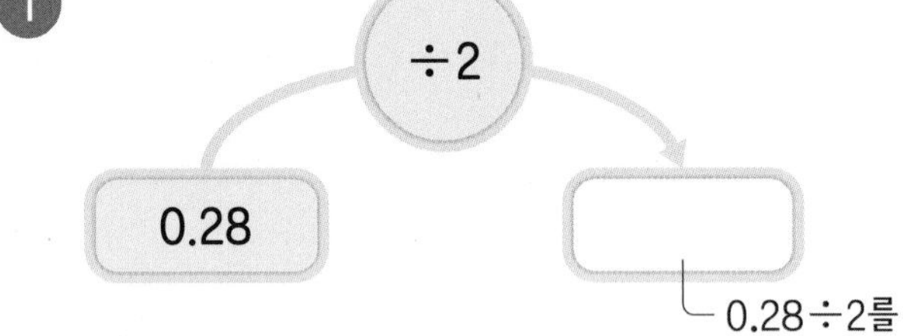

2
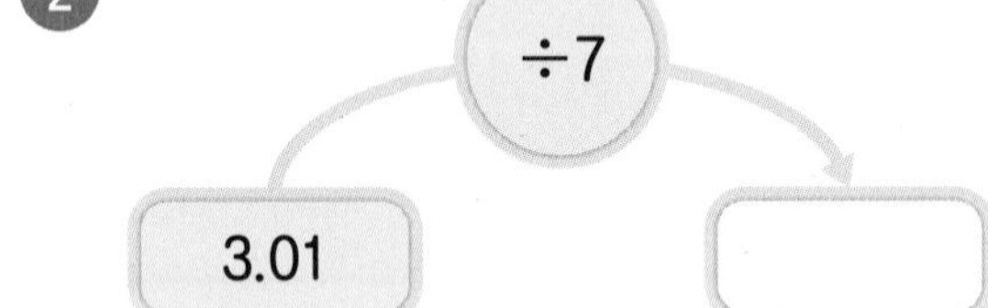

3
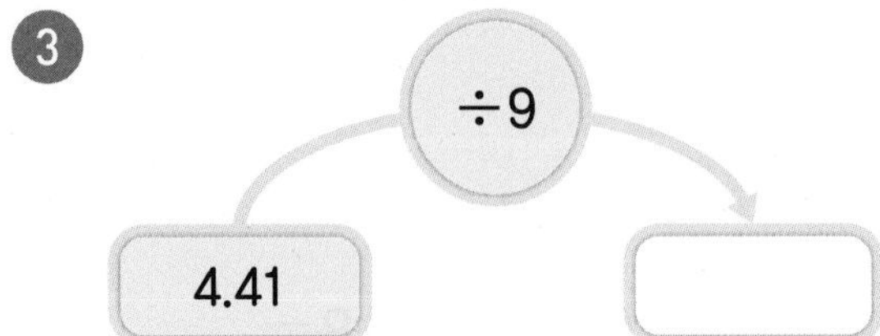

4
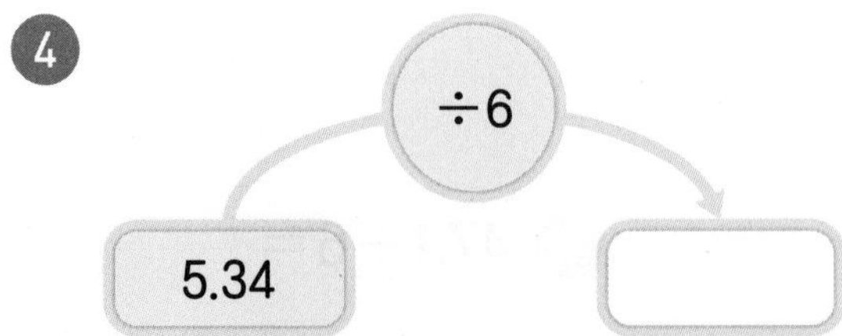

5
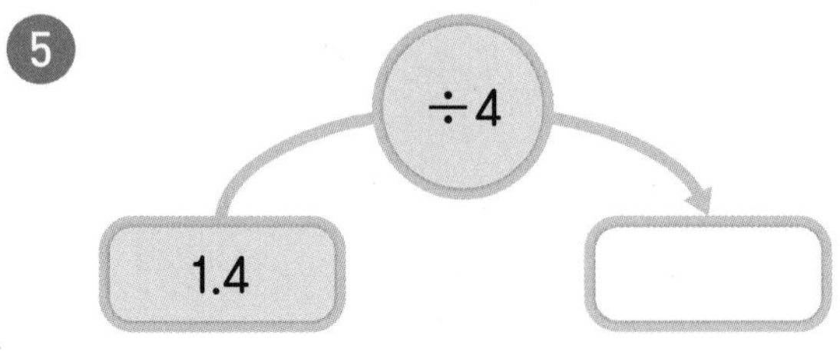

6
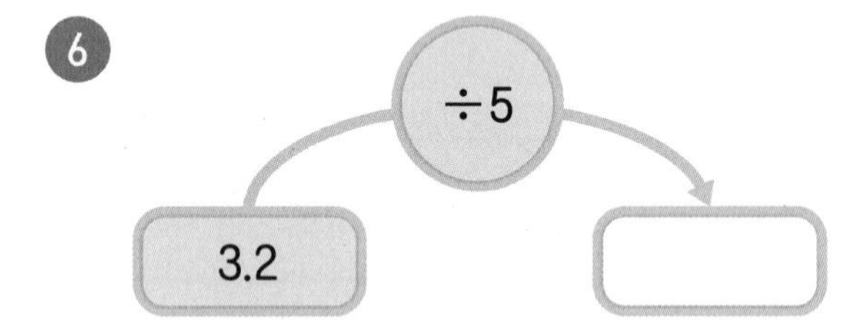

7
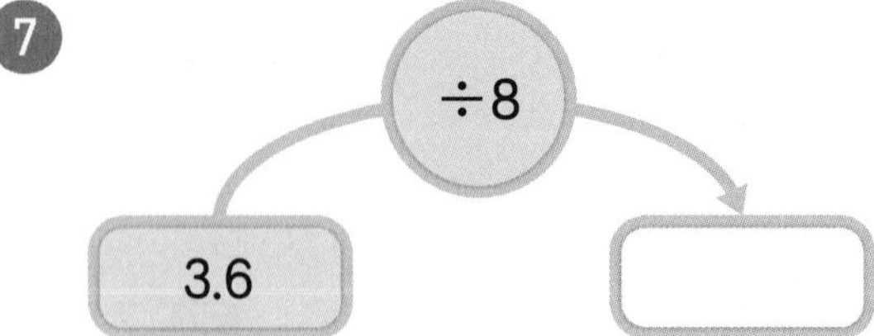

8
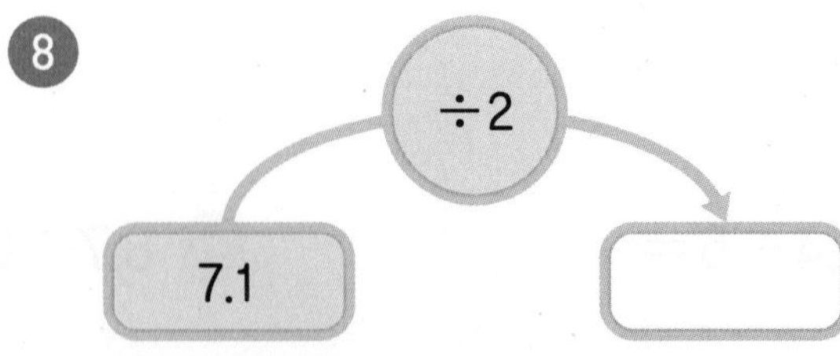

9. 0.45 ➡ ÷3 ➡ ☐

└ 0.45÷3을 계산해요.

10. 2.35 ➡ ÷5 ➡ ☐

11. 3.72 ➡ ÷6 ➡ ☐

12. 4.24 ➡ ÷8 ➡ ☐

13. 4.95 ➡ ÷9 ➡ ☐

14. 6.37 ➡ ÷7 ➡ ☐

15. 1.3 ➡ ÷2 ➡ ☐

16. 3.3 ➡ ÷6 ➡ ☐

17. 4.3 ➡ ÷5 ➡ ☐

18. 5.8 ➡ ÷4 ➡ ☐

19. 14.8 ➡ ÷8 ➡ ☐

20. 20.1 ➡ ÷6 ➡ ☐

나눗셈 로봇이 미로를 통과했을 때의 몫을 빈칸에 써넣으세요.

나눗셈식의 몫을 따라가면 수정이가 빠뜨린 캠핑 준비물을 알 수 있습니다.
수정이가 빠뜨린 준비물에 ○표 하세요.

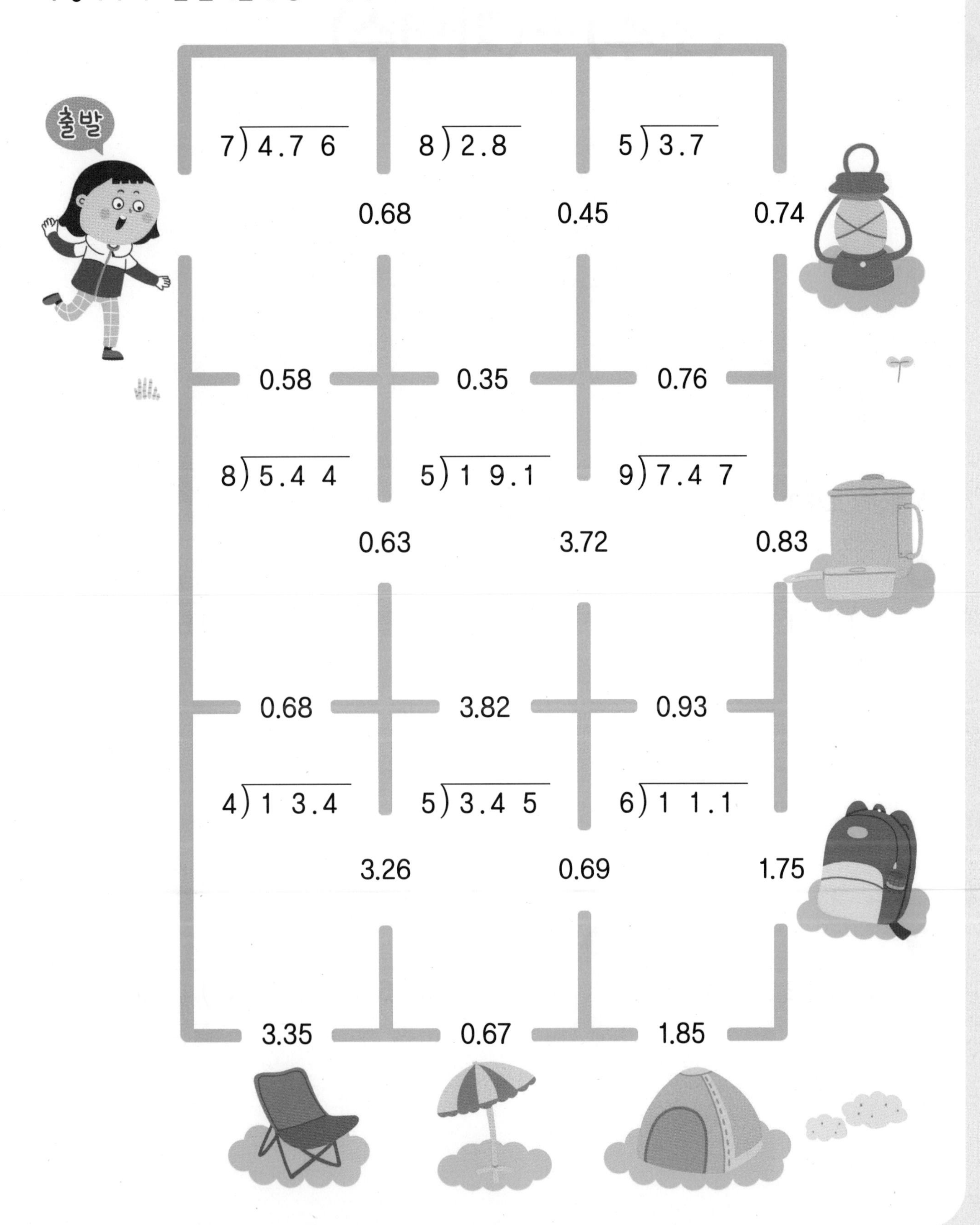

20 몫의 소수 첫째 자리에 0이 있는 (소수)÷(자연수)

6.48÷6의 계산

```
      1 0 8                                      1.0 8
  6 ) 6 4 8    4를 6으로 나눌 수        →    6 ) 6.4 8
      6        없으므로 0을 쓰고                 6
      -----    수를 내려 계산합니다.             -----
        4 8                                        4 8
        4 8                                        4 8
      -----                                      -----
          0                                          0
```

계산해 보세요.

① $2\overline{)2.14}$

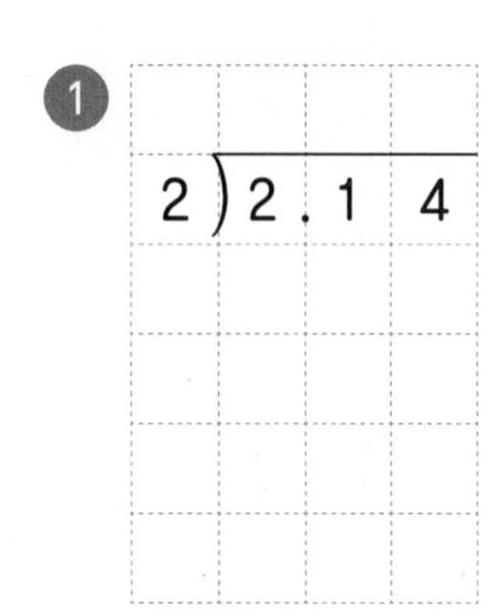

② $3\overline{)12.21}$

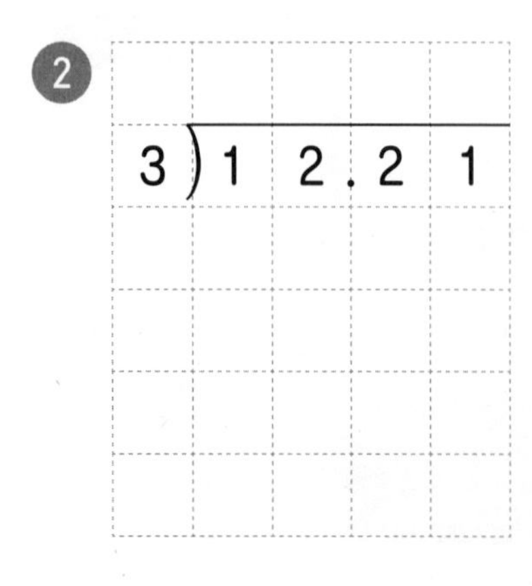

③ $3\overline{)3.15}$

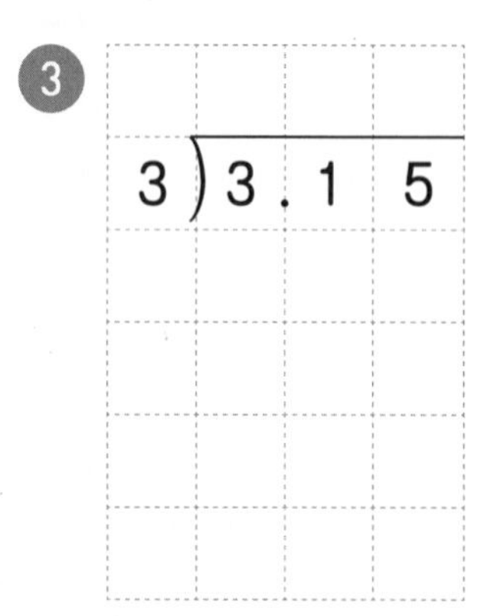

④ $7\overline{)14.35}$

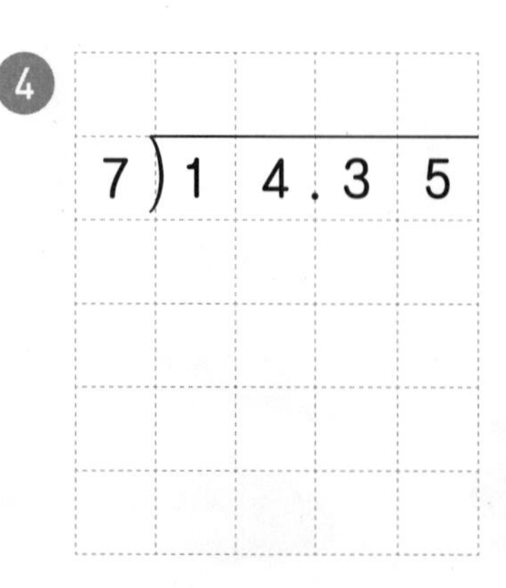

⑤ $6\overline{)6.24}$

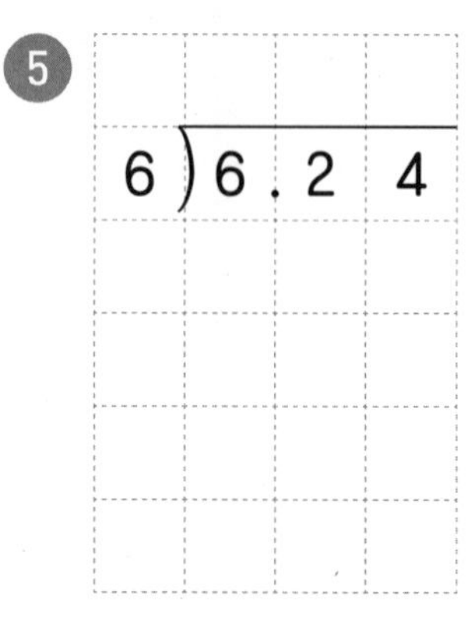

⑥ $5\overline{)15.45}$

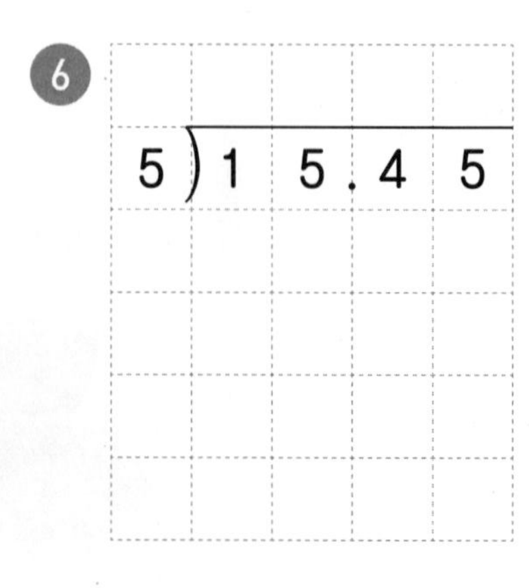

⑦ $2\overline{)4.18}$

⑪ $4\overline{)12.28}$

⑮ $8\overline{)0.4}$

⑧ $3\overline{)6.12}$

⑫ $3\overline{)21.15}$

⑯ $2\overline{)4.1}$

⑨ $7\overline{)7.56}$

⑬ $6\overline{)36.24}$

⑰ $5\overline{)15.3}$

⑩ $8\overline{)8.32}$

⑭ $9\overline{)45.27}$

⑱ $4\overline{)24.2}$

◎ 계산해 보세요.

⑲ $3.21 \div 3 =$

⑳ $8.16 \div 4 =$

㉑ $10.35 \div 5 =$

㉒ $5.15 \div 5 =$

㉓ $8.72 \div 8 =$

㉔ $18.45 \div 9 =$

㉕ $6.12 \div 2 =$

㉖ $9.81 \div 9 =$

㉗ $21.56 \div 7 =$

㉘ $4.12 \div 4 =$

㉙ $6.42 \div 6 =$

㉚ $7.28 \div 7 =$

㉛ $8.36 \div 4 =$

㉜ $9.24 \div 3 =$

㉝ $9.27 \div 9 =$

㉞ $12.48 \div 6 =$

㉟ $15.25 \div 5 =$

㊱ $21.12 \div 3 =$

㊲ $32.24 \div 4 =$

㊳ $40.56 \div 8 =$

㊴ $54.18 \div 9 =$

㊵ $2.1 \div 2 =$

㊶ $5.4 \div 5 =$

㊷ $18.3 \div 6 =$

㊸ $28.2 \div 4 =$

㊹ $35.2 \div 5 =$

㊺ $48.4 \div 8 =$

공부한 날짜 월 일

21 (자연수)÷(자연수)의 몫을 소수로 나타내기

6÷5의 계산

$$\begin{array}{r} 12 \\ 5\overline{)60} \\ \underline{5\ \ } \\ 10 \\ \underline{10} \\ 0 \end{array} \rightarrow \begin{array}{r} 1.2 \\ 5\overline{)6.0} \\ \underline{5\ \ } \\ 10 \\ \underline{10} \\ 0 \end{array}$$

더 이상 계산할 수 없을 때까지 0을 내려 계산합니다.

계산해 보세요.

1. 2)3

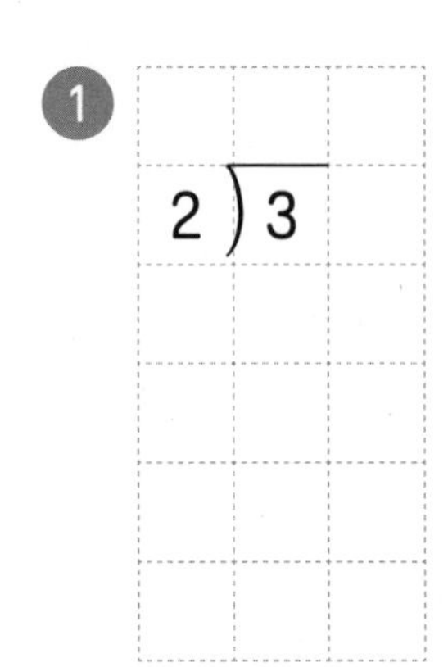

2. 8)12

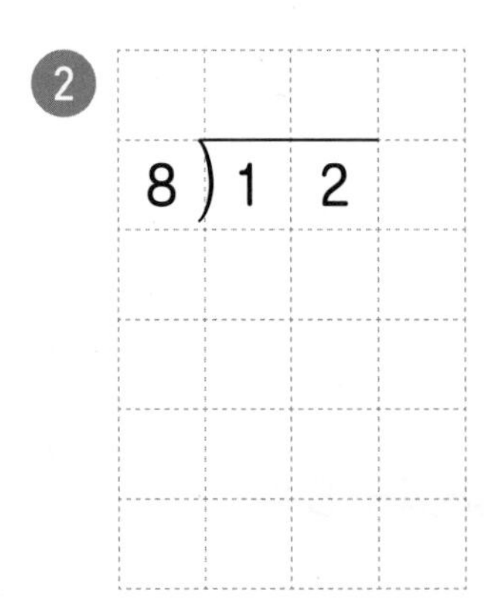

3. 4)6

4. 5)13

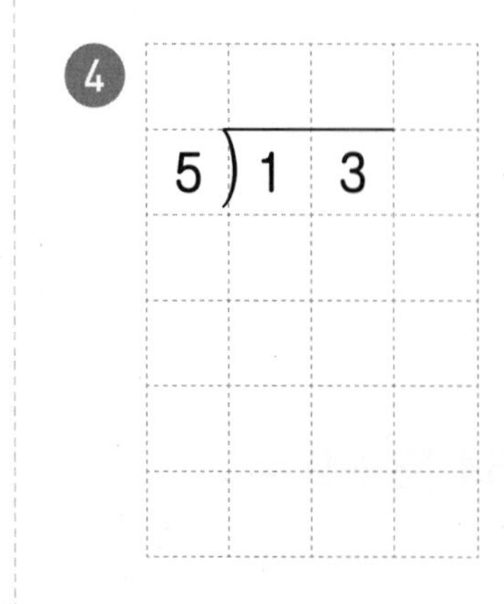

5. 5)9

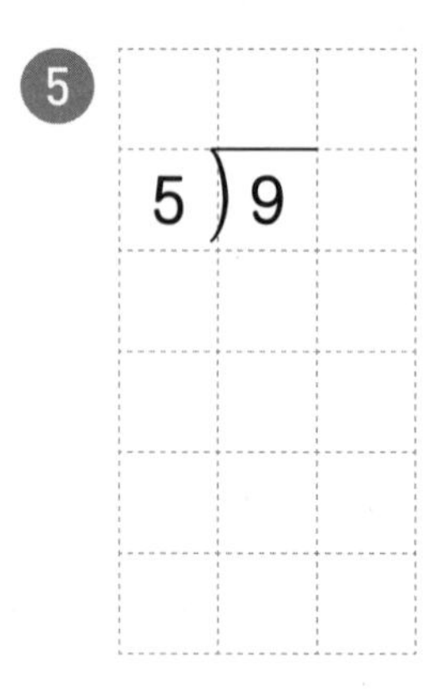

6. 6)21

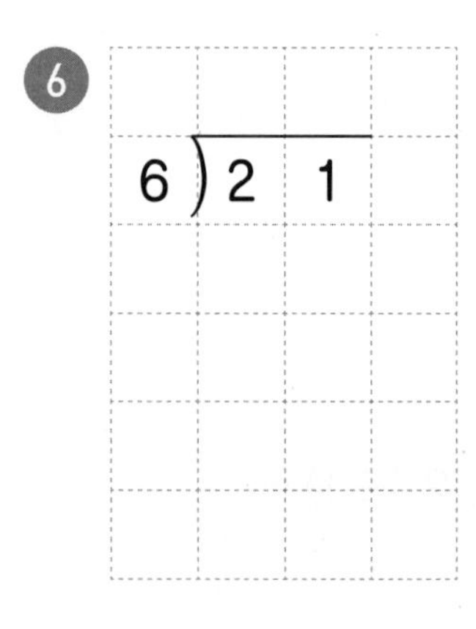

7. $6\overline{)3}$

8. $2\overline{)7}$

9. $5\overline{)8}$

10. $2\overline{)13}$

11. $5\overline{)16}$

12. $14\overline{)21}$

13. $6\overline{)39}$

14. $15\overline{)48}$

15. $8\overline{)10}$

16. $4\overline{)19}$

17. $12\overline{)21}$

18. $40\overline{)46}$

계산해 보세요.

⑲ $5 \div 2 =$

⑳ $15 \div 6 =$

㉑ $18 \div 8 =$

㉒ $7 \div 5 =$

㉓ $19 \div 5 =$

㉔ $27 \div 4 =$

㉕ $9 \div 6 =$

㉖ $20 \div 8 =$

㉗ $38 \div 8 =$

㉘ $3 \div 5 =$

㉙ $6 \div 20 =$

㉚ $10 \div 4 =$

㉛ $12 \div 15 =$

㉜ $27 \div 6 =$

㉝ $28 \div 8 =$

㉞ $32 \div 5 =$

㉟ $38 \div 4 =$

㊱ $45 \div 18 =$

㊲ $51 \div 6 =$

㊳ $65 \div 50 =$

㊴ $76 \div 8 =$

㊵ $9 \div 20 =$

㊶ $14 \div 8 =$

㊷ $27 \div 25 =$

㊸ $33 \div 4 =$

㊹ $36 \div 16 =$

㊺ $51 \div 12 =$

| 공부한 날짜 월 일 |

22 어떤 수 구하기

원리 곱셈과 나눗셈의 관계

▲×●=■ → ●=■÷▲, ▲=■÷●

적용 곱셈식의 어떤 수(□) 구하기

- 2×□=8.4 → □=8.4÷2=4.2
- □×3=6.9 → □=6.9÷3=2.3

○ 어떤 수(□)를 구하려고 합니다. 빈칸에 알맞은 수를 써넣으세요.

1. 2×□=22.4
   22.4÷2=□

2. 3×□=4.5
   4.5÷3=□

3. 7×□=2.94
   2.94÷7=□

4. 8×□=13.2
   13.2÷8=□

5. 6×□=12.3
   12.3÷6=□

6. 4×□=14
   14÷4=□

⑦ $\square \times 3 = 93.6$

$93.6 \div 3 = \square$

⑧ $\square \times 5 = 6.15$

$6.15 \div 5 = \square$

⑨ $\square \times 7 = 3.43$

$3.43 \div 7 = \square$

⑩ $\square \times 8 = 7.12$

$7.12 \div 8 = \square$

⑪ $\square \times 6 = 8.1$

$8.1 \div 6 = \square$

⑫ $\square \times 4 = 21.4$

$21.4 \div 4 = \square$

⑬ $\square \times 7 = 7.35$

$7.35 \div 7 = \square$

⑭ $\square \times 3 = 21.27$

$21.27 \div 3 = \square$

⑮ $\square \times 5 = 6$

$6 \div 5 = \square$

⑯ $\square \times 20 = 17$

$17 \div 20 = \square$

○ 어떤 수(□)를 구하려고 합니다. 빈칸에 알맞은 수를 써넣으세요.

⑰ $2\times\square=42.8$

⑱ $3\times\square=9.66$

⑲ $8\times\square=9.6$

⑳ $5\times\square=15.75$

㉑ $7\times\square=5.81$

㉒ $9\times\square=8.46$

㉓ $6\times\square=10.5$

㉔ $5\times\square=14.9$

㉕ $4\times\square=12.36$

㉖ $8\times\square=24.4$

㉗ $2\times\square=15$

㉘ $8\times\square=34$

㉙ $\square \times 3 = 39.3$

㉚ $\square \times 4 = 8.44$

㉛ $\square \times 2 = 3.68$

㉜ $\square \times 8 = 19.44$

㉝ $\square \times 4 = 3.72$

㉞ $\square \times 6 = 4.74$

㉟ $\square \times 5 = 12.7$

㊱ $\square \times 6 = 23.7$

㊲ $\square \times 7 = 14.49$

㊳ $\square \times 5 = 20.3$

㊴ $\square \times 8 = 12$

㊵ $\square \times 20 = 19$

| 공부한 날짜 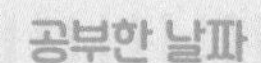 월  일 |

23 계산 Plus+

소수의 나눗셈 (3)

○ 빈칸에 알맞은 수를 써넣으세요.

1

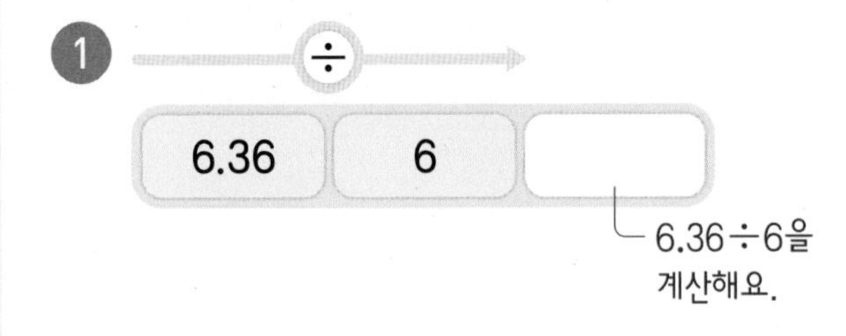

2 ÷

8.24	4	

3 ÷

20.15	5	

4 ÷

45.72	9	

5

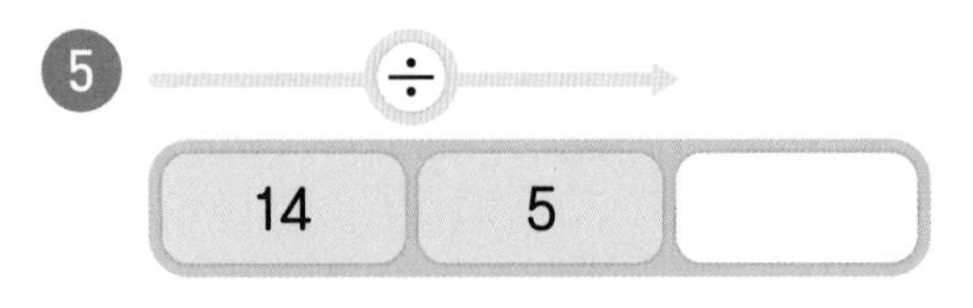

6

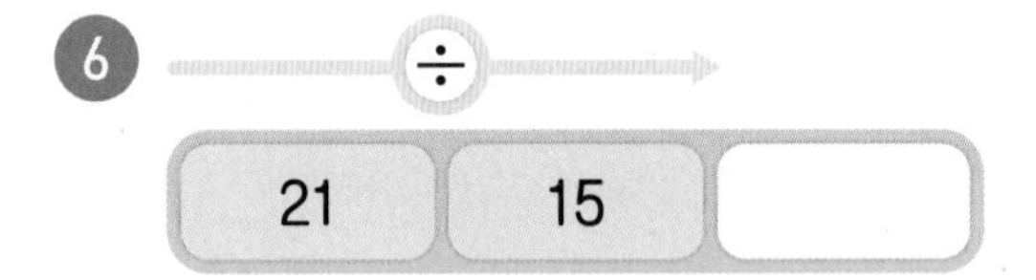

7

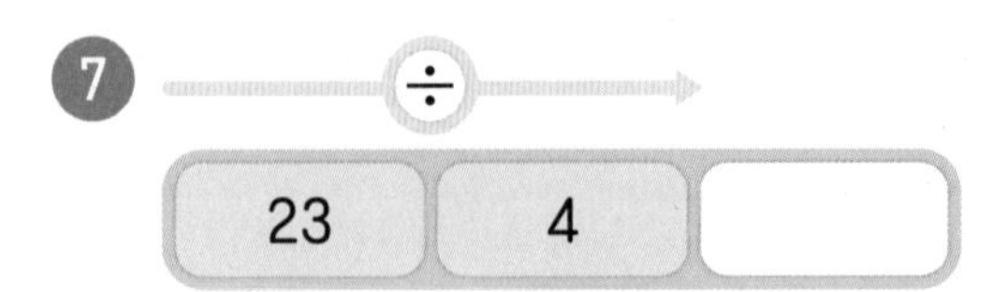

8 ÷

33	12	

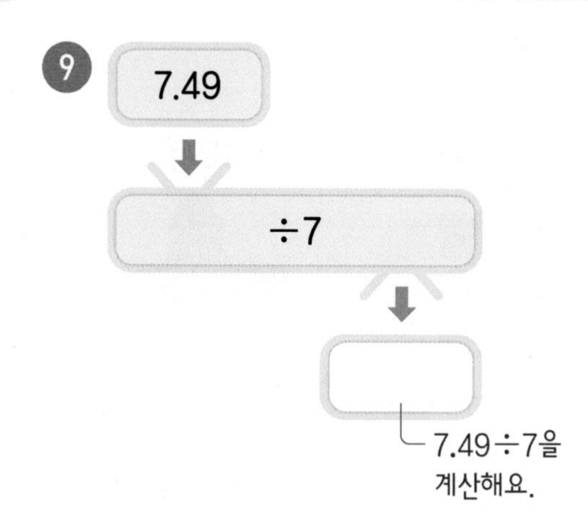
9
7.49
÷7
7.49÷7을
계산해요.

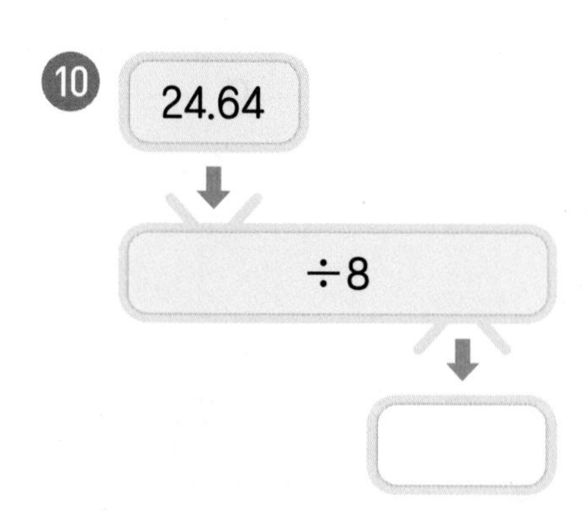
10
24.64
÷8

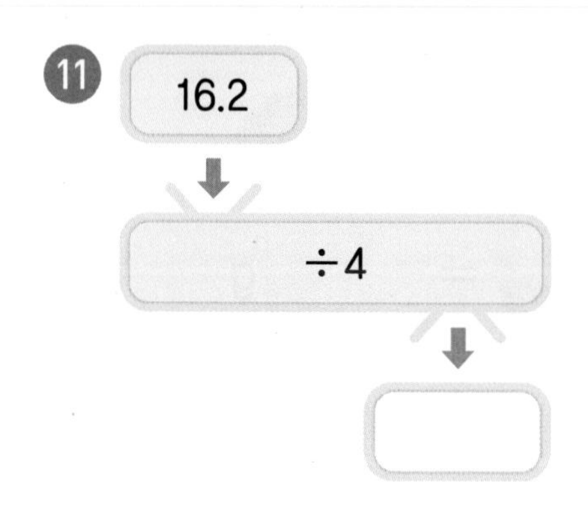
11
16.2
÷4

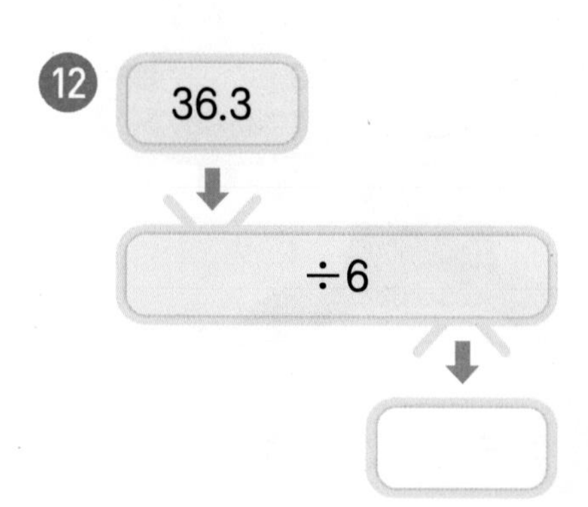
12
36.3
÷6

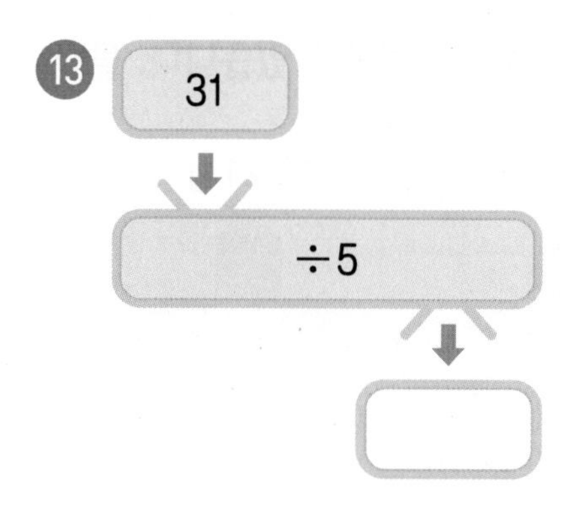
13
31
÷5

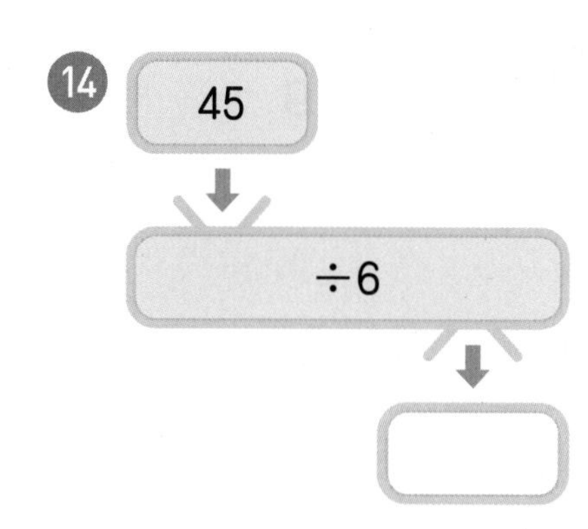
14
45
÷6

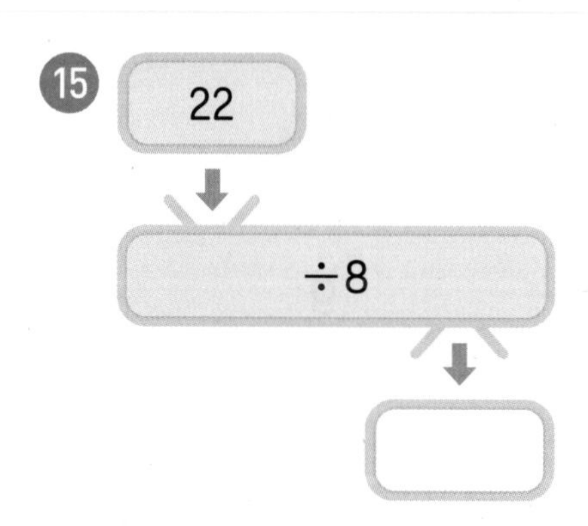
15
22
÷8

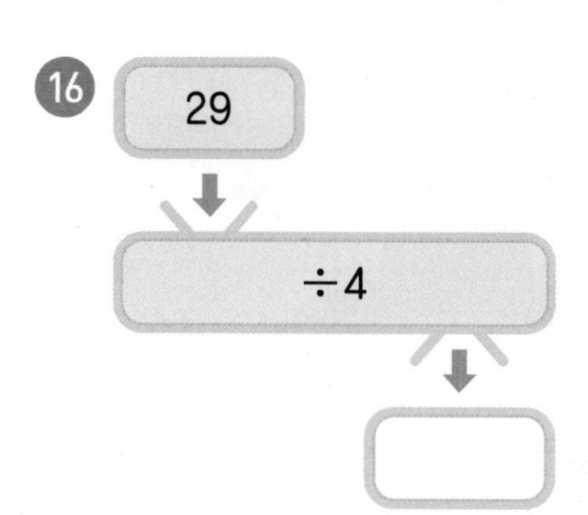
16
29
÷4

◎ 윗접시 저울이 수평을 이루고 있습니다. 물건 한 개의 무게는 몇 g일까요?

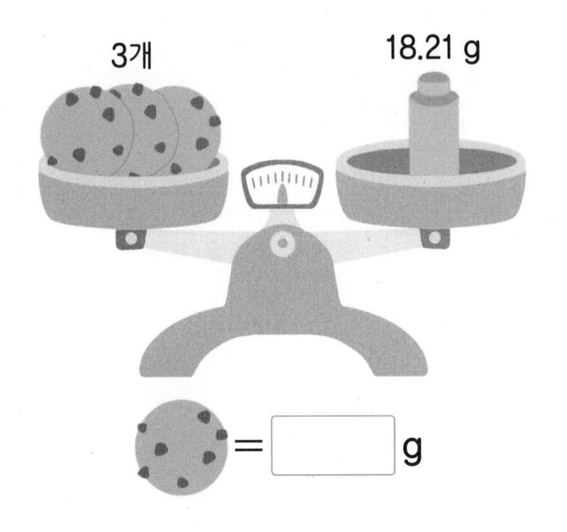

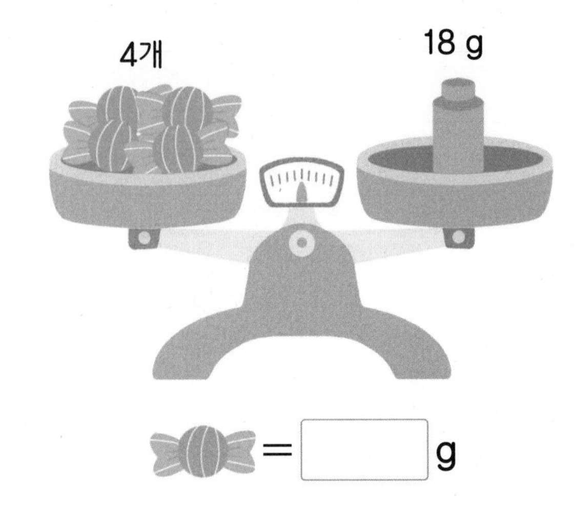

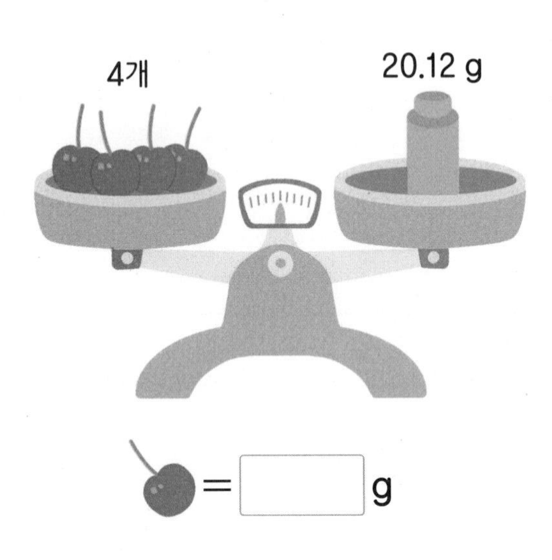

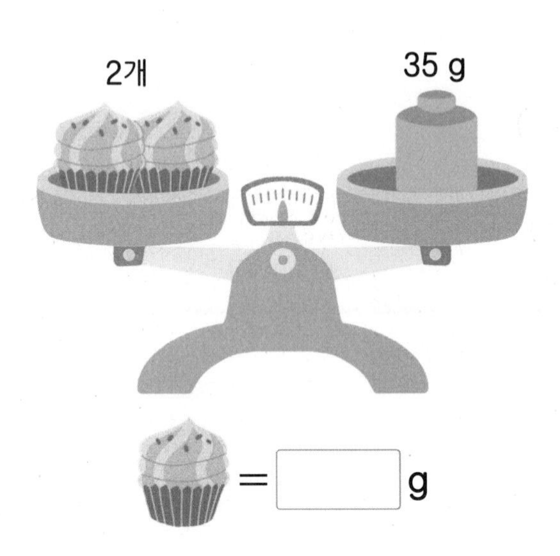

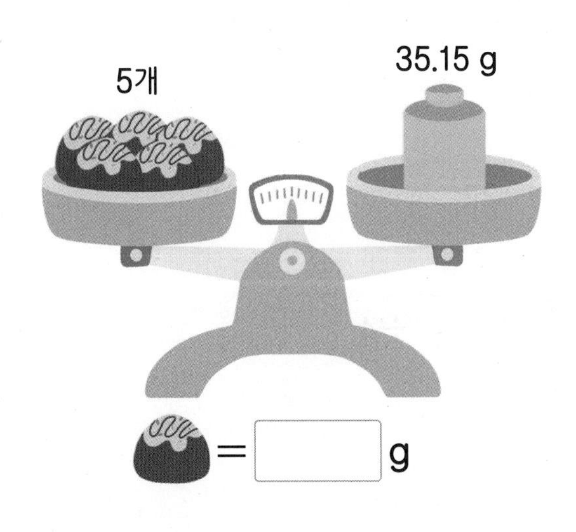

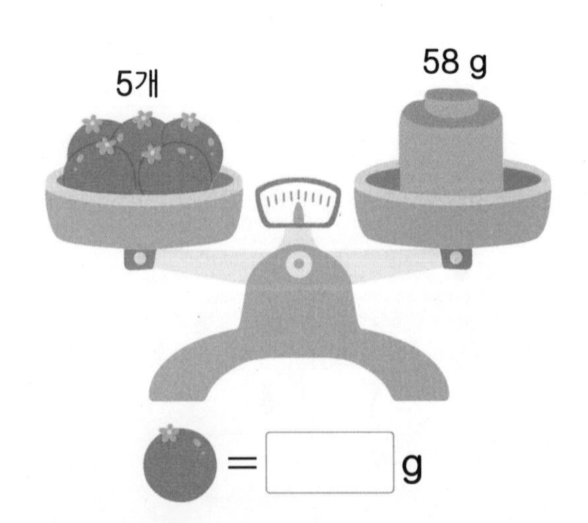

승윤이는 바오바브나무가 많이 심어져 있는 나라를 맞히면 방에서 탈출할 수 있습니다. 바오바브나무가 많이 심어져 있는 나라는 어디일까요?

가	스	나	마	다	르	캐	카
2.25	3.06	3.5	5.09	6.04	6.25	7.08	8.2

바오바브나무가 많이 심어져 있는 나라는 ㄱ ㄴ ㄷ ㄹ ㅁ ㅂ □□□□□□ 입니다.

24 소수의 나눗셈 평가

| 공부한 날짜 월 일 |

○ 계산해 보세요.

❶ $2\overline{)24.2}$

❷ $5\overline{)26.5}$

❸ $8\overline{)3.76}$

❹ $9\overline{)7.83}$

❺ $6\overline{)11.7}$

❻ $5\overline{)16.9}$

❼ $9\overline{)36.27}$

❽ $4\overline{)8.2}$

❾ $8\overline{)36}$

❿ $4\overline{)39}$

⑪ $6.93 \div 3 =$

⑫ $14.4 \div 6 =$

⑬ $4.72 \div 8 =$

⑭ $12.6 \div 4 =$

⑮ $15.4 \div 5 =$

⑯ $27 \div 12 =$

빈칸에 알맞은 수를 써넣으세요.

⑰
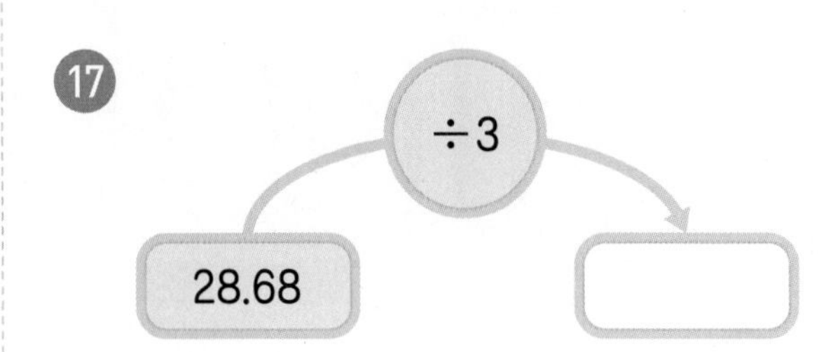

⑱
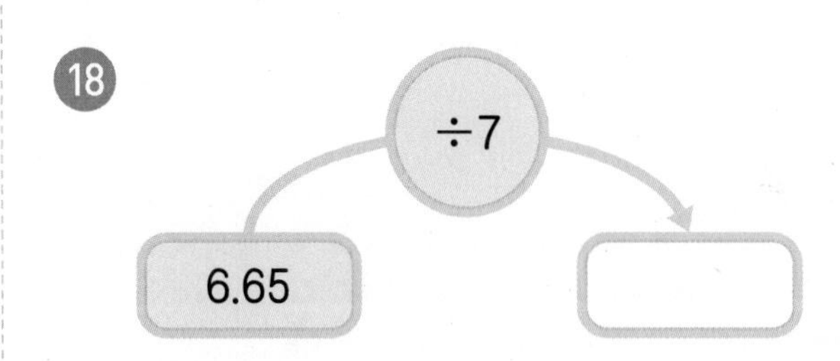

⑲
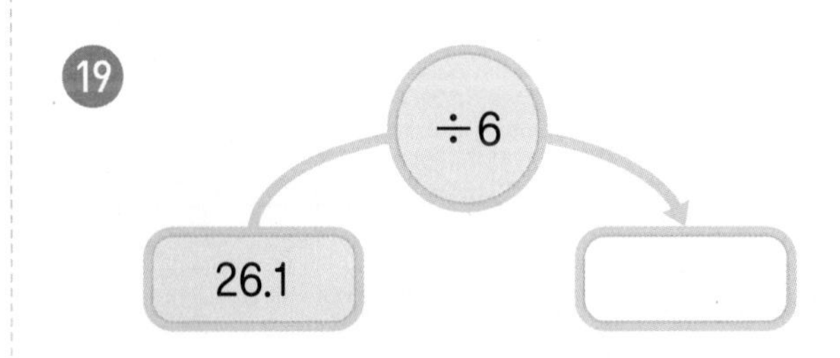

⑳
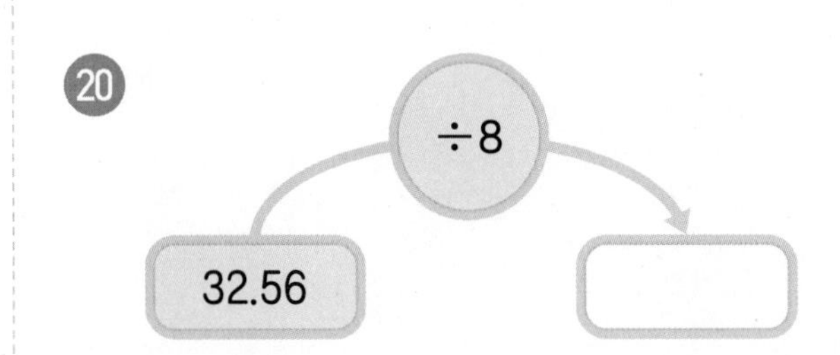

3 비와 비율

비, 비율, 백분율의 개념을 알고,
비율을 백분율로, 백분율을 비율로 나타내는 훈련이 중요한

25 비로 나타내기

- 비: 두 수를 나눗셈으로 비교하기 위해 기호 :을 사용하여 나타낸 것
- 기준량: 기호 :의 오른쪽에 있는 수
- 비교하는 양: 기호 :의 왼쪽에 있는 수

예 두 수 2와 3을 비로 나타내기

쓰기 2 : 3 **읽기** · 2 대 3 · 2와 3의 비 · 3에 대한 2의 비 · 2의 3에 대한 비

○ 그림을 보고 비로 나타내어 보세요.

1. 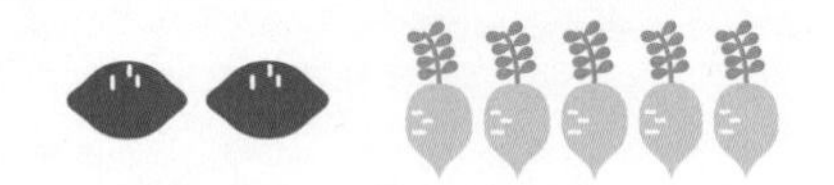

고구마 수와 무 수의 비 ⇨ □ : □

2. 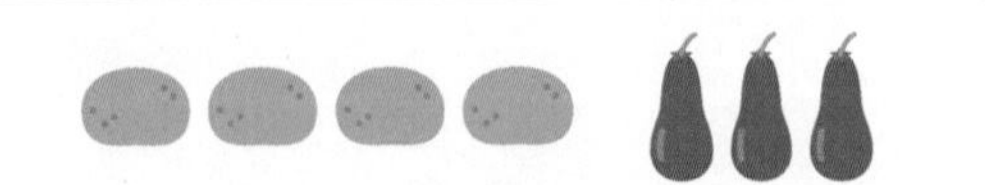

감자 수와 가지 수의 비 ⇨ □ : □

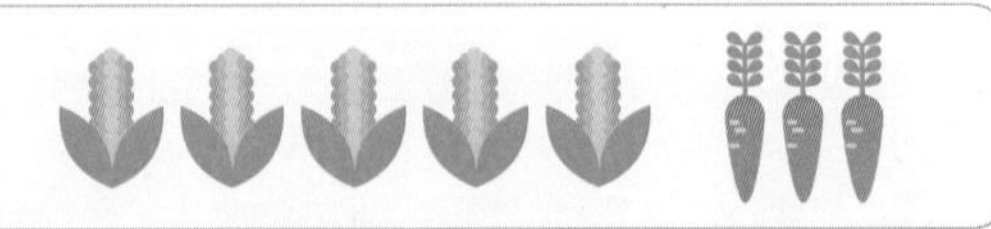

옥수수 수와 당근 수의 비 ⇨ □ : □

4. 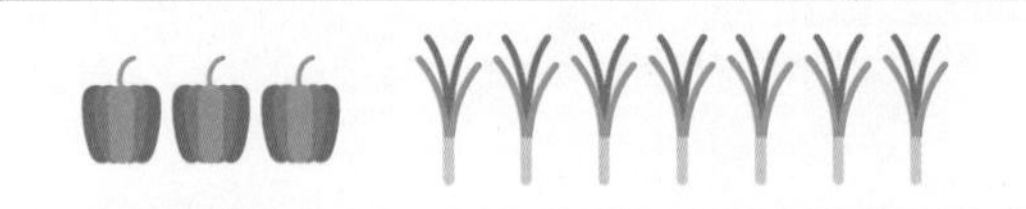

피망 수와 파 수의 비 ⇨ □ : □

양배추 수와 고추 수의 비 ⇨ □ : □

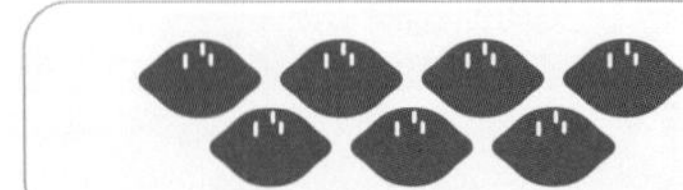 

고구마 수와 호박 수의 비 ⇨ □ : □

• 사과 수와 바나나 수의 비

⇨ □ : □

• 사과 수의 바나나 수에 대한 비

⇨ □ : □

10

• 복숭아 수와 멜론 수의 비

⇨ □ : □

• 복숭아 수의 멜론 수에 대한 비

⇨ □ : □

8

• 파인애플 수와 딸기 수의 비

⇨ □ : □

• 딸기 수에 대한 파인애플 수의 비

⇨ □ : □

11

• 토마토 수와 배 수의 비

⇨ □ : □

• 배 수에 대한 토마토 수의 비

⇨ □ : □

9

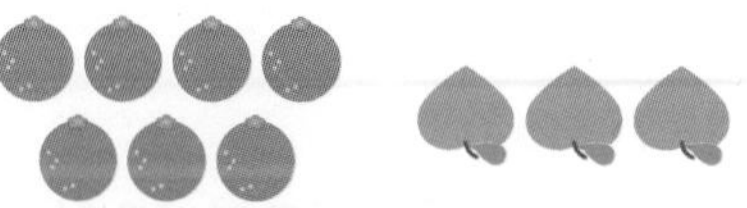

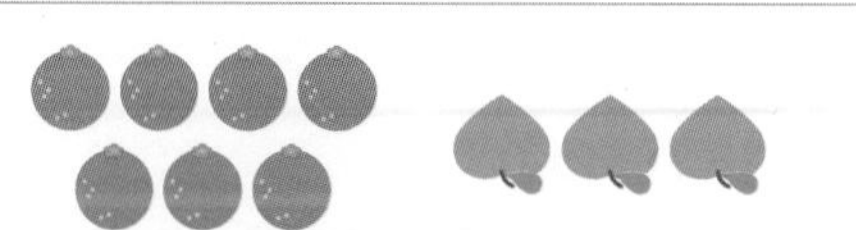

• 복숭아 수에 대한 귤 수의 비

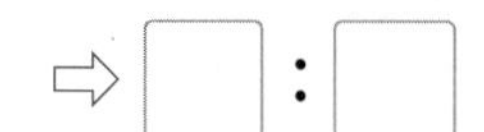

⇨ □ : □

• 복숭아 수의 귤 수에 대한 비

⇨ □ : □

12

• 감 수에 대한 레몬 수의 비

⇨ □ : □

• 감 수의 레몬 수에 대한 비

⇨ □ : □

○ 비로 나타내어 보세요.

⑬ 2 대 7
⇨ (　　　　　　)

⑭ 3 대 4
⇨ (　　　　　　)

⑮ 4 대 9
⇨ (　　　　　　)

⑯ 5 대 6
⇨ (　　　　　　)

⑰ 7 대 11
⇨ (　　　　　　)

⑱ 8 대 3
⇨ (　　　　　　)

⑲ 9 대 5
⇨ (　　　　　　)

⑳ 10 대 7
⇨ (　　　　　　)

㉑ 11 대 12
⇨ (　　　　　　)

㉒ 12 대 5
⇨ (　　　　　　)

㉓ 3과 2의 비
⇨ (　　　　　　)

㉔ 4와 7의 비
⇨ (　　　　　　)

㉕ 6과 11의 비
⇨ (　　　　　　)

㉖ 7과 5의 비
⇨ (　　　　　　)

㉗ 8과 13의 비
⇨ (　　　　　　)

㉘ 9와 7의 비
⇨ (　　　　　　)

㉙ 10과 9의 비
⇨ (　　　　　　)

㉚ 11과 4의 비
⇨ (　　　　　　)

㉛ 11과 10의 비
⇨ (　　　　　　)

㉜ 12와 13의 비
⇨ (　　　　　　)

㉝ 13과 8의 비
⇨ (　　　　　　)

㉞ 3에 대한 7의 비
⇨ (　　　　　　)

㉟ 4에 대한 5의 비
⇨ (　　　　　　)

㊱ 5에 대한 8의 비
⇨ (　　　　　　)

㊲ 6에 대한 7의 비
⇨ (　　　　　　)

㊳ 8에 대한 9의 비
⇨ (　　　　　　)

㊴ 10에 대한 3의 비
⇨ (　　　　　　)

㊵ 11에 대한 5의 비
⇨ (　　　　　　)

㊶ 13에 대한 9의 비
⇨ (　　　　　　)

㊷ 14에 대한 5의 비
⇨ (　　　　　　)

㊸ 15에 대한 8의 비
⇨ (　　　　　　)

㊹ 3의 5에 대한 비
⇨ (　　　　　　)

㊺ 4의 9에 대한 비
⇨ (　　　　　　)

㊻ 7의 4에 대한 비
⇨ (　　　　　　)

㊼ 8의 11에 대한 비
⇨ (　　　　　　)

㊽ 9의 14에 대한 비
⇨ (　　　　　　)

㊾ 10의 13에 대한 비
⇨ (　　　　　　)

㊿ 11의 7에 대한 비
⇨ (　　　　　　)

51 12의 13에 대한 비
⇨ (　　　　　　)

52 14의 11에 대한 비
⇨ (　　　　　　)

53 15의 4에 대한 비
⇨ (　　　　　　)

54 17의 10에 대한 비
⇨ (　　　　　　)

26 비율을 분수나 소수로 나타내기

• 비율: 기준량에 대한 비교하는 양의 크기

$$(\text{비율})=(\text{비교하는 양})\div(\text{기준량})=\frac{(\text{비교하는 양})}{(\text{기준량})}$$

예 비 1 : 5를 비율로 나타내기

1 : 5의 비율 → 분수 $\frac{1}{5}$

소수 $1\div5=0.2$

○ 비교하는 양과 기준량을 찾아 쓰고, 비율을 분수로 나타내어 보세요.

① 1 : 4

비교하는 양	기준량	비율

② 4 : 9

비교하는 양	기준량	비율

○ 비교하는 양과 기준량을 찾아 쓰고, 비율을 소수로 나타내어 보세요.

③ 2 : 5

비교하는 양	기준량	비율

④ 3 : 4

비교하는 양	기준량	비율

◎ 비율을 분수로 나타내어 보세요.

❺ 2 : 7
⇨ (   )

❻ 5 : 9
⇨ (   )

❼ 8 : 11
⇨ (   )

❽ 3 대 8
⇨ (   )

❾ 6 대 11
⇨ (   )

❿ 7 대 10
⇨ (   )

⓫ 9 대 14
⇨ (   )

◎ 비율을 소수로 나타내어 보세요.

⓬ 3 : 5
⇨ (   )

⓭ 4 : 16
⇨ (   )

⓮ 7 : 25
⇨ (   )

⓯ 2 대 4
⇨ (   )

⓰ 6 대 8
⇨ (   )

⓱ 8 대 10
⇨ (   )

⓲ 9 대 20
⇨ (   )

○ 비율을 분수로 나타내어 보세요.

⑲ 4와 7의 비
⇨ (　　　　　)

⑳ 5와 6의 비
⇨ (　　　　　)

㉑ 8과 12의 비
⇨ (　　　　　)

㉒ 9와 16의 비
⇨ (　　　　　)

㉓ 10과 19의 비
⇨ (　　　　　)

㉔ 12와 17의 비
⇨ (　　　　　)

㉕ 14와 9의 비
⇨ (　　　　　)

㉖ 5에 대한 16의 비
⇨ (　　　　　)

㉗ 7에 대한 15의 비
⇨ (　　　　　)

㉘ 8에 대한 7의 비
⇨ (　　　　　)

㉙ 9에 대한 4의 비
⇨ (　　　　　)

㉚ 13에 대한 5의 비
⇨ (　　　　　)

㉛ 14에 대한 13의 비
⇨ (　　　　　)

㉜ 15에 대한 6의 비
⇨ (　　　　　)

㉝ 3의 8에 대한 비
⇨ (　　　　　)

㉞ 6의 11에 대한 비
⇨ (　　　　　)

㉟ 7의 14에 대한 비
⇨ (　　　　　)

㊱ 9의 11에 대한 비
⇨ (　　　　　)

㊲ 12의 17에 대한 비
⇨ (　　　　　)

㊳ 17의 6에 대한 비
⇨ (　　　　　)

㊴ 19의 8에 대한 비
⇨ (　　　　　)

○ 비율을 소수로 나타내어 보세요.

40 4와 5의 비

⇨ (　　　　　　)

41 5와 25의 비

⇨ (　　　　　　)

42 7과 10의 비

⇨ (　　　　　　)

43 9와 12의 비

⇨ (　　　　　　)

44 11과 20의 비

⇨ (　　　　　　)

45 12와 5의 비

⇨ (　　　　　　)

46 15와 10의 비

⇨ (　　　　　　)

47 2에 대한 7의 비

⇨ (　　　　　　)

48 8에 대한 2의 비

⇨ (　　　　　　)

49 8에 대한 20의 비

⇨ (　　　　　　)

50 10에 대한 4의 비

⇨ (　　　　　　)

51 15에 대한 9의 비

⇨ (　　　　　　)

52 20에 대한 13의 비

⇨ (　　　　　　)

53 25에 대한 14의 비

⇨ (　　　　　　)

54 3의 10에 대한 비

⇨ (　　　　　　)

55 5의 8에 대한 비

⇨ (　　　　　　)

56 7의 4에 대한 비

⇨ (　　　　　　)

57 7의 20에 대한 비

⇨ (　　　　　　)

58 12의 25에 대한 비

⇨ (　　　　　　)

59 17의 10에 대한 비

⇨ (　　　　　　)

60 23의 25에 대한 비

⇨ (　　　　　　)

계산 Plus+

비와 비율 (1)

○ 비로 나타내어 보세요.

① 3과 7의 비

⑤ 7 대 10

② 8에 대한 5의 비

⑥ 12의 5에 대한 비

③ 9 대 4

⑦ 11과 15의 비

④ 10의 11에 대한 비

⑧ 9에 대한 17의 비

비율을 분수와 소수로 나타내어 보세요.

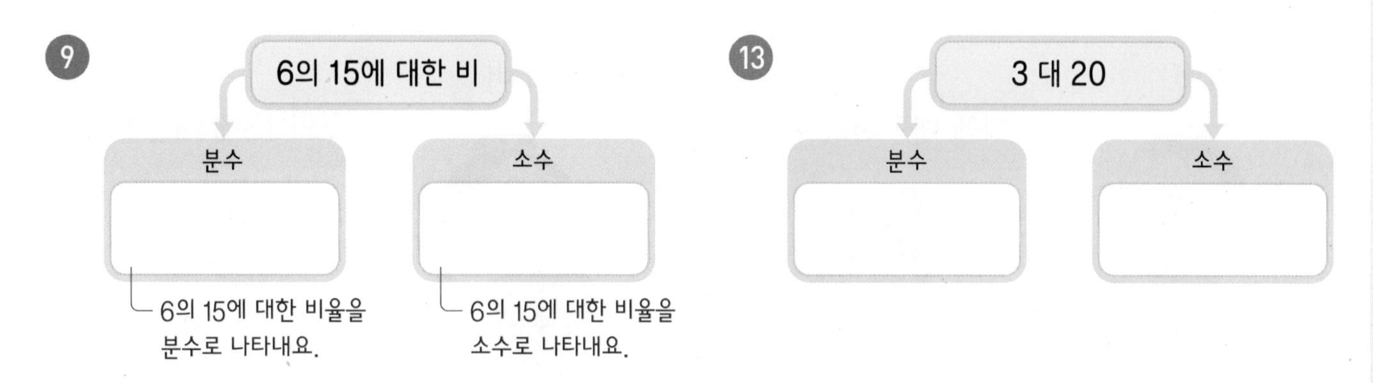

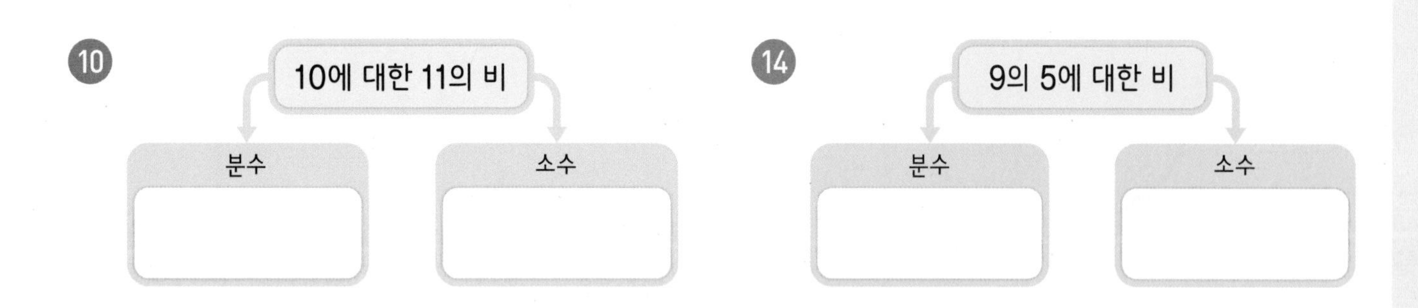

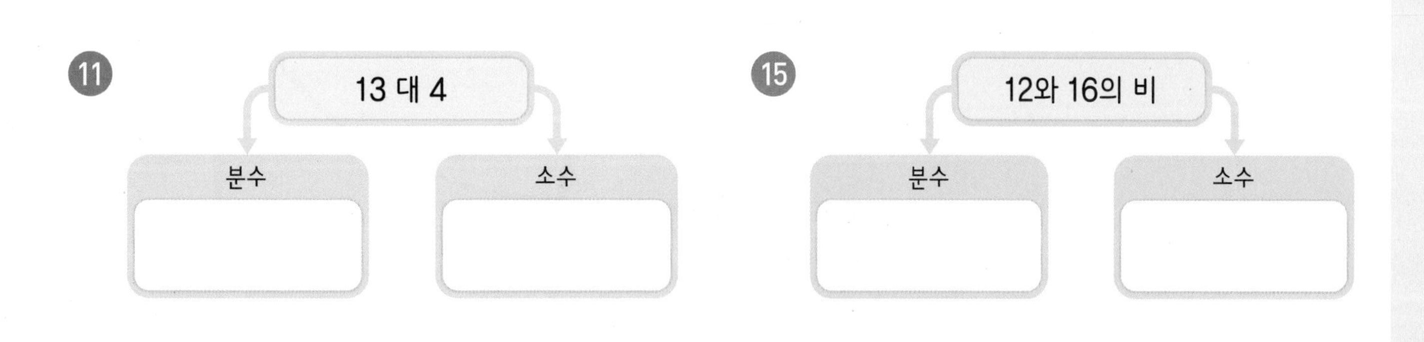

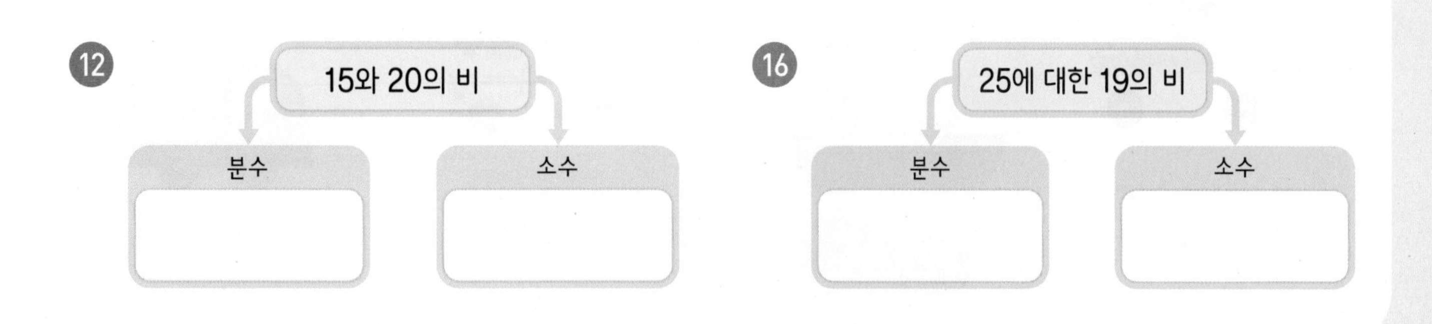

● 선을 따라 내려가 빈칸에 비로 나타내어 보세요.

◎ 1 : 4와 비율이 같은 길을 따라가면 현수가 가려고 하는 곳이 나옵니다.
현수가 가려고 하는 곳에 ◯표 하세요.

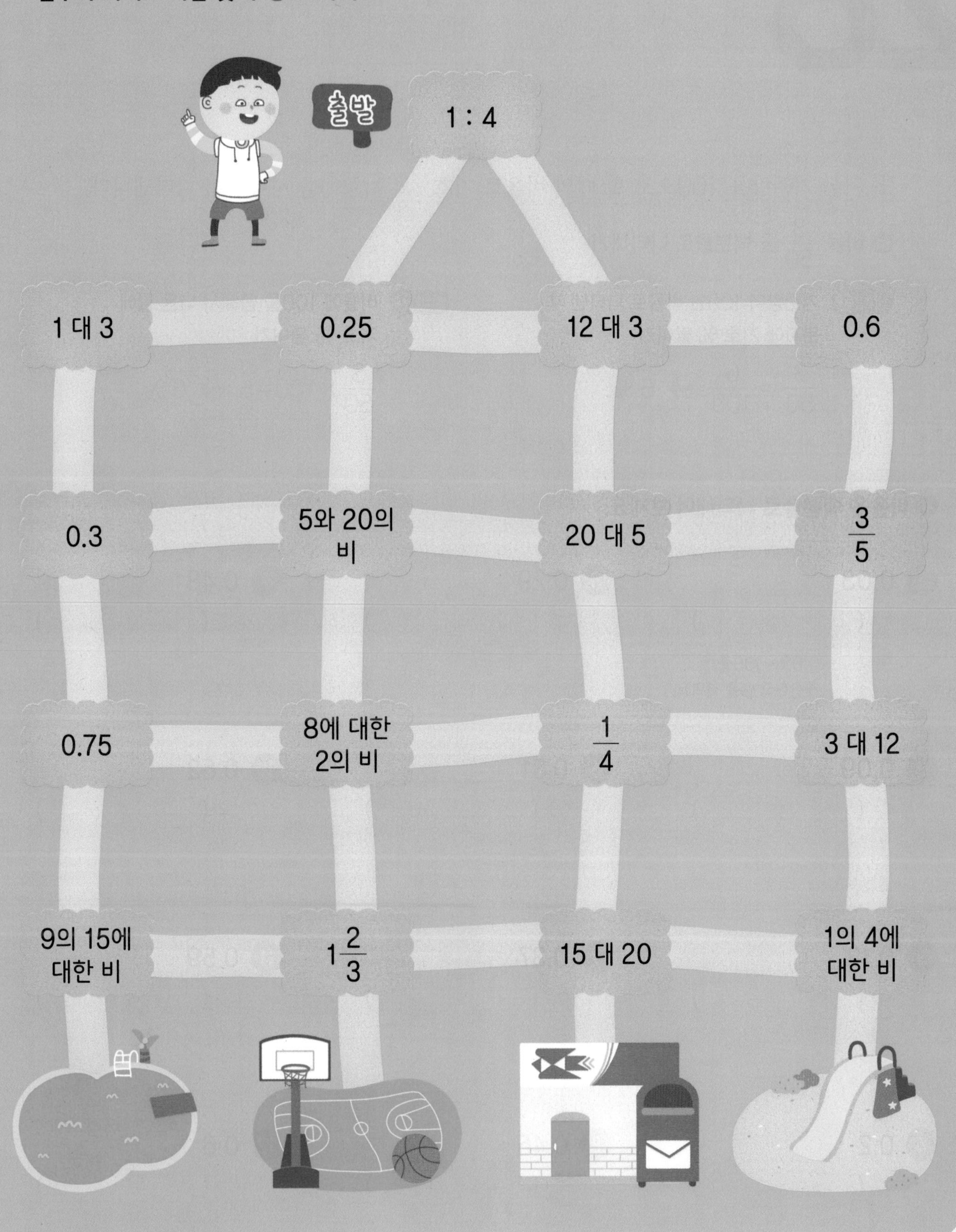

비율을 백분율로 나타내기

- 백분율: 기준량을 100으로 할 때의 비율로 기호 %(퍼센트)를 사용하여 나타냅니다.

예 비율 $\frac{3}{50}$을 백분율로 나타내기

방법 ① 기준량이 100인 비율로 나타낸 후 분자에 기호 % 붙이기

$\frac{3}{50}=\frac{6}{100}$ → 6 %

방법 ② 비율에 100을 곱해서 나온 값에 기호 % 붙이기

$\frac{3}{50}\times100=6$ → 6 %

○ 비율을 백분율로 나타내어 보세요.

1 0.03
⇨ (   )
0.03×100을 계산하고 %를 붙여요.

2 0.09
⇨ (   )

3 0.13
⇨ (   )

4 0.2
⇨ (   )

5 0.29
⇨ (   )

6 0.31
⇨ (   )

7 0.37
⇨ (   )

8 0.45
⇨ (   )

9 0.48
⇨ (   )

10 0.52
⇨ (   )

11 0.59
⇨ (   )

12 0.6
⇨ (   )

⑬ 0.63
⇨ (　　　　　　)

⑭ 0.67
⇨ (　　　　　　)

⑮ 0.69
⇨ (　　　　　　)

⑯ 0.71
⇨ (　　　　　　)

⑰ 0.74
⇨ (　　　　　　)

⑱ 0.78
⇨ (　　　　　　)

⑲ 0.8
⇨ (　　　　　　)

⑳ 0.82
⇨ (　　　　　　)

㉑ 0.85
⇨ (　　　　　　)

㉒ 0.89
⇨ (　　　　　　)

㉓ 0.94
⇨ (　　　　　　)

㉔ 1.1
⇨ (　　　　　　)

㉕ 1.16
⇨ (　　　　　　)

㉖ 1.21
⇨ (　　　　　　)

㉗ 1.34
⇨ (　　　　　　)

㉘ 1.47
⇨ (　　　　　　)

㉙ 1.53
⇨ (　　　　　　)

㉚ 1.65
⇨ (　　　　　　)

㉛ 1.72
⇨ (　　　　　　)

㉜ 2.19
⇨ (　　　　　　)

㉝ 3.5
⇨ (　　　　　　)

비율을 백분율로 나타내어 보세요.

㉞ $\frac{1}{2}$

⇨ (　　　　　　　　)

$\frac{1}{2}\times100$을 계산하고 %를 붙여요.

㉟ $\frac{1}{4}$

⇨ (　　　　　　　　)

㊱ $\frac{3}{4}$

⇨ (　　　　　　　　)

㊲ $\frac{2}{5}$

⇨ (　　　　　　　　)

㊳ $\frac{4}{5}$

⇨ (　　　　　　　　)

㊴ $\frac{7}{5}$

⇨ (　　　　　　　　)

㊵ $\frac{2}{8}$

⇨ (　　　　　　　　)

㊶ $\frac{3}{10}$

⇨ (　　　　　　　　)

㊷ $\frac{9}{10}$

⇨ (　　　　　　　　)

㊸ $\frac{17}{10}$

⇨ (　　　　　　　　)

㊹ $\frac{9}{12}$

⇨ (　　　　　　　　)

㊺ $\frac{15}{12}$

⇨ (　　　　　　　　)

㊻ $\frac{6}{15}$

⇨ (　　　　　　　　)

㊼ $\frac{7}{20}$

⇨ (　　　　　　　　)

㊽ $\frac{13}{20}$

⇨ (　　　　　　　　)

㊾ $\frac{30}{20}$

⇨ (　　　　　　　　)

㊿ $\frac{12}{24}$

⇨ (　　　　　　　　)

51 $\frac{18}{24}$

⇨ (　　　　　　　　)

52 $\frac{30}{24}$

⇨ (　　　　　　　　)

53 $\frac{8}{25}$

⇨ (　　　　　　　　)

54 $\frac{11}{25}$

⇨ (　　　　　　　　)

55 $\frac{15}{25}$ ⇨ (　　　　　)

56 $\frac{24}{25}$ ⇨ (　　　　　)

57 $\frac{40}{25}$ ⇨ (　　　　　)

58 $\frac{21}{30}$ ⇨ (　　　　　)

59 $\frac{8}{40}$ ⇨ (　　　　　)

60 $\frac{10}{40}$ ⇨ (　　　　　)

61 $\frac{14}{40}$ ⇨ (　　　　　)

62 $\frac{34}{40}$ ⇨ (　　　　　)

63 $\frac{12}{50}$ ⇨ (　　　　　)

64 $\frac{23}{50}$ ⇨ (　　　　　)

65 $\frac{37}{50}$ ⇨ (　　　　　)

66 $\frac{71}{50}$ ⇨ (　　　　　)

67 $\frac{94}{50}$ ⇨ (　　　　　)

68 $\frac{18}{60}$ ⇨ (　　　　　)

69 $\frac{12}{80}$ ⇨ (　　　　　)

70 $\frac{20}{80}$ ⇨ (　　　　　)

71 $\frac{47}{100}$ ⇨ (　　　　　)

72 $\frac{69}{100}$ ⇨ (　　　　　)

73 $\frac{121}{100}$ ⇨ (　　　　　)

74 $\frac{74}{200}$ ⇨ (　　　　　)

75 $\frac{56}{400}$ ⇨ (　　　　　)

백분율을 분수나 소수로 나타내기

백분율에서 기호 %를 뺀 다음 100으로 나눕니다.

예 12 %를 분수나 소수로 나타내기

$$12\,\% \rightarrow \text{분수 } 12\div100=\frac{\overset{3}{\cancel{12}}}{\underset{25}{\cancel{100}}}=\frac{3}{25} \qquad \text{소수 } 12\div100=0.12$$

○ 백분율을 분수로 나타내어 보세요.

1. 2 % ⇨ (　　　　)
2. 5 % ⇨ (　　　　)
3. 10 % ⇨ (　　　　)
4. 16 % ⇨ (　　　　)
5. 20 % ⇨ (　　　　)
6. 22 % ⇨ (　　　　)
7. 25 % ⇨ (　　　　)
8. 30 % ⇨ (　　　　)
9. 32 % ⇨ (　　　　)
10. 35 % ⇨ (　　　　)
11. 40 % ⇨ (　　　　)
12. 43 % ⇨ (　　　　)

⑬ 48 %

⇨ (   )

⑭ 52 %

⇨ (   )

⑮ 55 %

⇨ (   )

⑯ 57 %

⇨ (   )

⑰ 60 %

⇨ (   )

⑱ 65 %

⇨ (   )

⑲ 66 %

⇨ (   )

⑳ 72 %

⇨ (   )

㉑ 75 %

⇨ (   )

㉒ 78 %

⇨ (   )

㉓ 80 %

⇨ (   )

㉔ 81 %

⇨ (   )

㉕ 85 %

⇨ (   )

㉖ 90 %

⇨ (   )

㉗ 93 %

⇨ (   )

㉘ 98 %

⇨ (   )

㉙ 107 %

⇨ (   )

㉚ 153 %

⇨ (   )

㉛ 179 %

⇨ (   )

㉜ 217 %

⇨ (   )

㉝ 341 %

⇨ (   )

○ 백분율을 소수로 나타내어 보세요.

㉞ 4 %
⇨ (　　　　　　)

㉟ 6 %
⇨ (　　　　　　)

㊱ 11 %
⇨ (　　　　　　)

㊲ 14 %
⇨ (　　　　　　)

㊳ 18 %
⇨ (　　　　　　)

㊴ 20 %
⇨ (　　　　　　)

㊵ 23 %
⇨ (　　　　　　)

㊶ 27 %
⇨ (　　　　　　)

㊷ 31 %
⇨ (　　　　　　)

㊸ 34 %
⇨ (　　　　　　)

㊹ 39 %
⇨ (　　　　　　)

㊺ 42 %
⇨ (　　　　　　)

㊻ 44 %
⇨ (　　　　　　)

㊼ 47 %
⇨ (　　　　　　)

㊽ 50 %
⇨ (　　　　　　)

㊾ 53 %
⇨ (　　　　　　)

㊿ 58 %
⇨ (　　　　　　)

51 61 %
⇨ (　　　　　　)

52 64 %
⇨ (　　　　　　)

53 67 %
⇨ (　　　　　　)

54 70 %
⇨ (　　　　　　)

55 76 %
⇨ (   )

56 78 %
⇨ (   )

57 79 %
⇨ (   )

58 80 %
⇨ (   )

59 82 %
⇨ (   )

60 84 %
⇨ (   )

61 89 %
⇨ (   )

62 91 %
⇨ (   )

63 94 %
⇨ (   )

64 96 %
⇨ (   )

65 99 %
⇨ (   )

66 103 %
⇨ (   )

67 108 %
⇨ (   )

68 112 %
⇨ (   )

69 125 %
⇨ (   )

70 130 %
⇨ (   )

71 177 %
⇨ (   )

72 194 %
⇨ (   )

73 209 %
⇨ (   )

74 271 %
⇨ (   )

75 328 %
⇨ (   )

30 계산 Plus+

비와 비율 (2)

○ 비율을 백분율로 나타내어 보세요.

1. | 0.23 | |

   0.23을 백분율로 나타내요.

2. | 0.34 | |

3. | 0.57 | |

4. | 0.81 | |

5. | $\frac{6}{8}$ | |

6. | $\frac{7}{10}$ | |

7. | $\frac{9}{20}$ | |

8. | $\frac{13}{25}$ | |

○ 백분율을 분수와 소수로 나타내어 보세요.

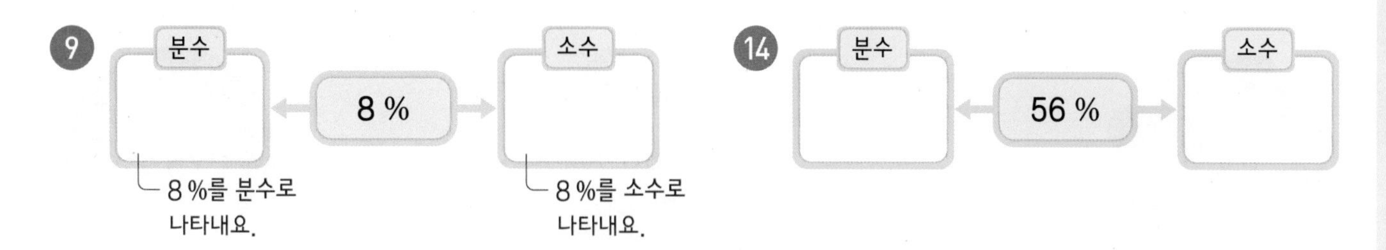

● 비율이 같은 것끼리 선으로 이어 보세요.

주현이는 비행기를 타러 가려고 합니다. 백분율을 분수나 소수로 나타낸 것을 따라가 보세요.

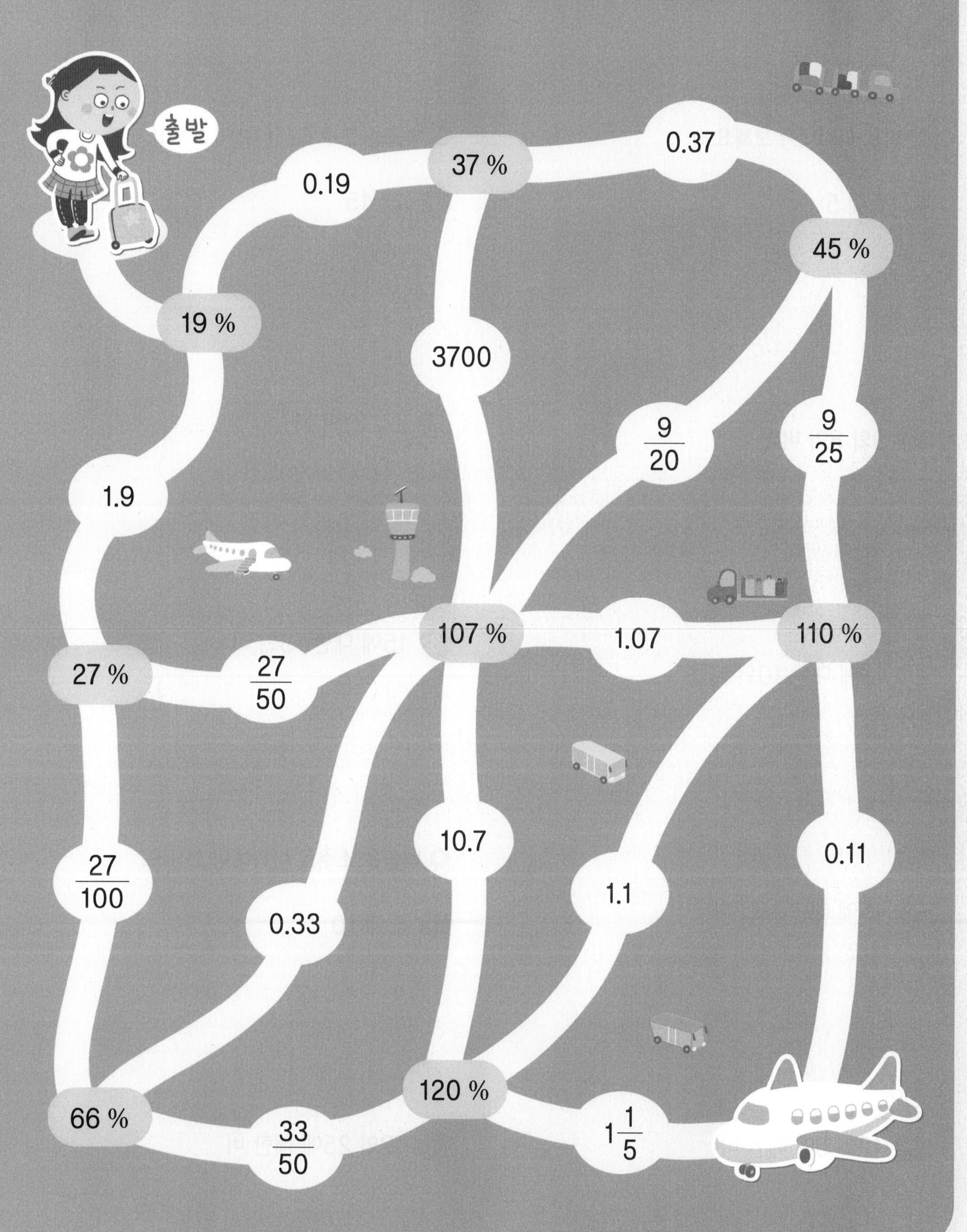

공부한 날짜 월 일

31 비와 비율 평가

○ 비로 나타내어 보세요.

1 7 대 5

⇨ (　　　　　　　　)

2 9와 8의 비

⇨ (　　　　　　　　)

3 13에 대한 10의 비

⇨ (　　　　　　　　)

4 15에 대한 11의 비

⇨ (　　　　　　　　)

5 12의 5에 대한 비

⇨ (　　　　　　　　)

○ 비율을 분수로 나타내어 보세요.

6 4 : 15

⇨ (　　　　　　　　)

7 7과 21의 비

⇨ (　　　　　　　　)

8 15에 대한 13의 비

⇨ (　　　　　　　　)

○ 비율을 소수로 나타내어 보세요.

9 5 대 10

⇨ (　　　　　　　　)

10 18의 25에 대한 비

⇨ (　　　　　　　　)

◎ 비율을 백분율로 나타내어 보세요.

⑪ 0.17

⇨ (   )

⑫ 0.39

⇨ (   )

⑬ 1.09

⇨ (   )

⑭ $\frac{23}{25}$

⇨ (   )

⑮ $\frac{17}{50}$

⇨ (   )

◎ 백분율을 분수로 나타내어 보세요.

⑯ 18 %

⇨ (   )

⑰ 54 %

⇨ (   )

⑱ 125 %

⇨ (   )

◎ 백분율을 소수로 나타내어 보세요.

⑲ 37 %

⇨ (   )

⑳ 149 %

⇨ (   )

4

직육면체의 부피를 구하는 방법을 알고
이를 구하는 훈련이 중요한

직육면체의 부피

1 m^3와 1 cm^3의 관계

- 한 모서리의 길이가 1 cm인 정육면체의 부피 → 쓰기 1 cm^3 읽기 1 세제곱센티미터
- 한 모서리의 길이가 1 m인 정육면체의 부피 → 쓰기 1 m^3 읽기 1 세제곱미터

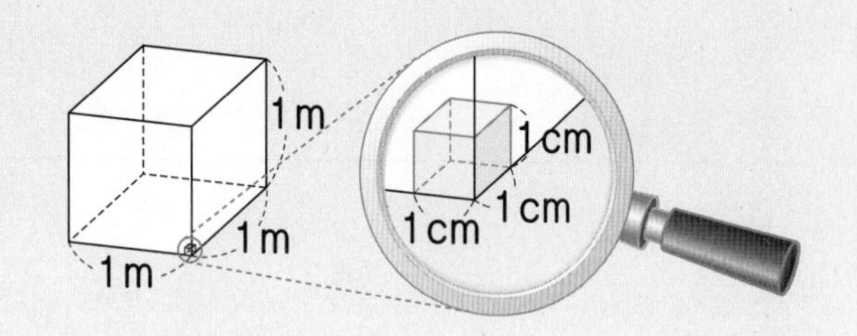

1 m^3 = 1000000 cm^3

○ cm^3와 m^3의 관계를 알아보려고 합니다. □ 안에 알맞은 수를 써넣으세요.

❶ 2 m^3 = □ cm^3

❷ 9 m^3 = □ cm^3

❸ 13 m^3 = □ cm^3

❹ 17 m^3 = □ cm^3

❺ 20 m^3 = □ cm^3

❻ 24 m^3 = □ cm^3

❼ 31 m^3 = □ cm^3

❽ 36 m^3 = □ cm^3

⑨ $37\ m^3 =$ ☐ cm^3

⑩ $40\ m^3 =$ ☐ cm^3

⑪ $42\ m^3 =$ ☐ cm^3

⑫ $45\ m^3 =$ ☐ cm^3

⑬ $49\ m^3 =$ ☐ cm^3

⑭ $51\ m^3 =$ ☐ cm^3

⑮ $53\ m^3 =$ ☐ cm^3

⑯ $0.4\ m^3 =$ ☐ cm^3

⑰ $1.2\ m^3 =$ ☐ cm^3

⑱ $1.5\ m^3 =$ ☐ cm^3

⑲ $2.3\ m^3 =$ ☐ cm^3

⑳ $2.6\ m^3 =$ ☐ cm^3

㉑ $3.8\ m^3 =$ ☐ cm^3

㉒ $4.1\ m^3 =$ ☐ cm^3

○ cm^3와 m^3의 관계를 알아보려고 합니다. □ 안에 알맞은 수를 써넣으세요.

㉓ $3000000\ cm^3 = \square\ m^3$

㉔ $7000000\ cm^3 = \square\ m^3$

㉕ $10000000\ cm^3 = \square\ m^3$

㉖ $14000000\ cm^3 = \square\ m^3$

㉗ $19000000\ cm^3 = \square\ m^3$

㉘ $21000000\ cm^3 = \square\ m^3$

㉙ $22000000\ cm^3 = \square\ m^3$

㉚ $26000000\ cm^3 = \square\ m^3$

㉛ $30000000\ cm^3 = \square\ m^3$

㉜ $35000000\ cm^3 = \square\ m^3$

㉝ $39000000\ cm^3 = \square\ m^3$

㉞ $43000000\ cm^3 = \square\ m^3$

㉟ $48000000\ cm^3 = \square\ m^3$

㊱ $50000000\ cm^3 = \square\ m^3$

㊲ $54000000\ cm^3 = \square\ m^3$

㊳ $56000000\ cm^3 = \square\ m^3$

㊴ $59000000\ cm^3 = \square\ m^3$

㊵ $60000000\ cm^3 = \square\ m^3$

㊶ $62000000\ cm^3 = \square\ m^3$

㊷ $68000000\ cm^3 = \square\ m^3$

㊸ $71000000\ cm^3 = \square\ m^3$

㊹ $600000\ cm^3 = \square\ m^3$

㊺ $1100000\ cm^3 = \square\ m^3$

㊻ $1500000\ cm^3 = \square\ m^3$

㊼ $2300000\ cm^3 = \square\ m^3$

㊽ $3200000\ cm^3 = \square\ m^3$

㊾ $3400000\ cm^3 = \square\ m^3$

㊿ $4700000\ cm^3 = \square\ m^3$

33 직육면체의 부피

(직육면체의 부피)=(가로)×(세로)×(높이)

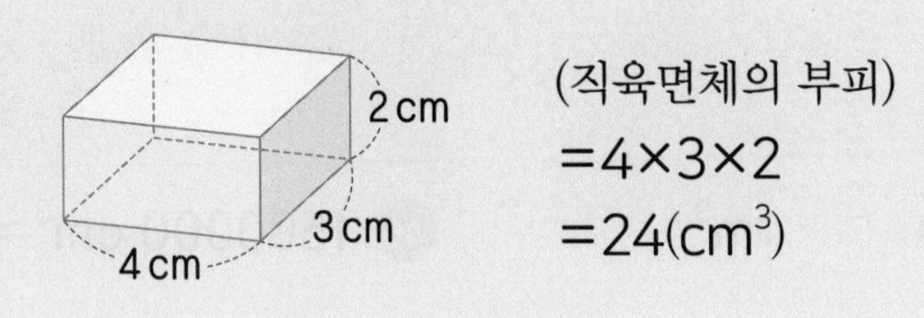

(직육면체의 부피)
$=4\times3\times2$
$=24(cm^3)$

○ 직육면체의 부피는 몇 cm^3인지 구해 보세요.

1 

( )

2 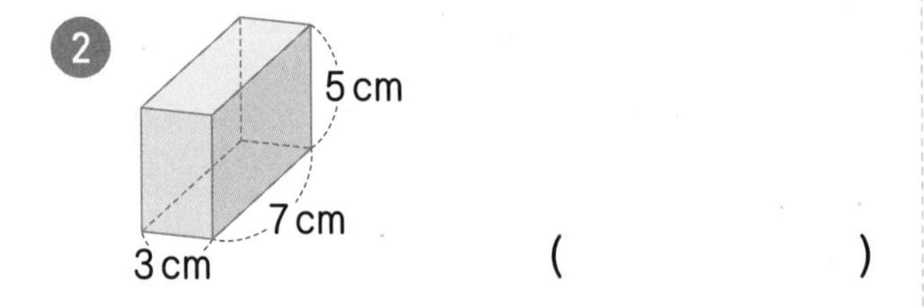

( )

3 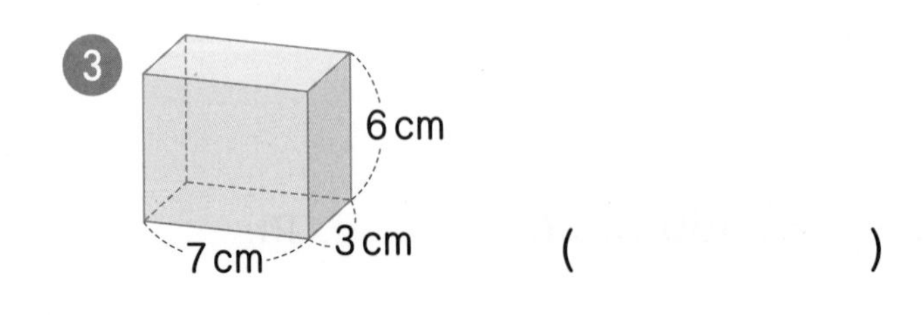

( )

4 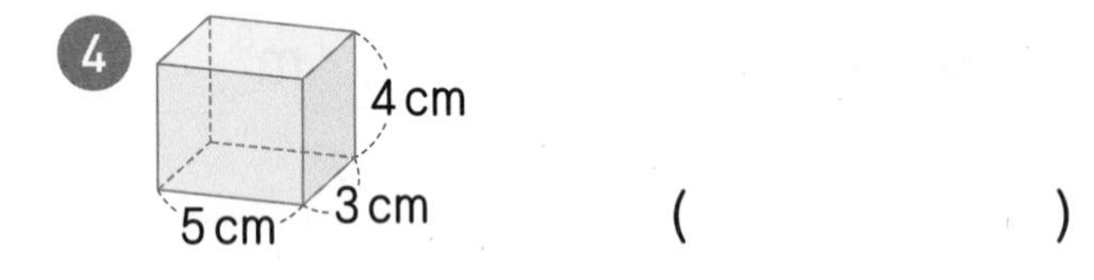

( )

5 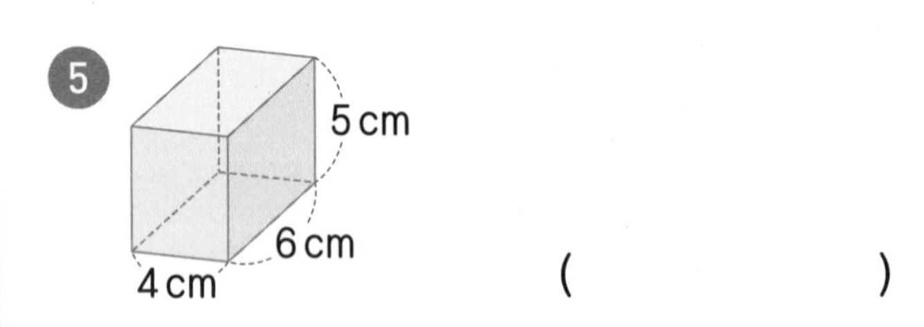

( )

6 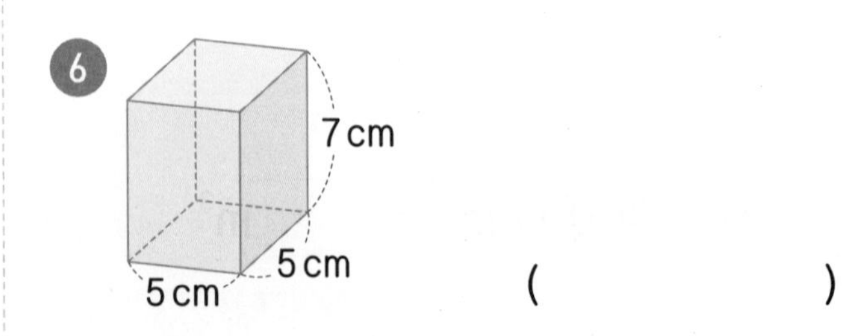

( )

7 4 cm, 6 cm, 2 cm
( )

8 6 cm, 6 cm, 3 cm
( )

9
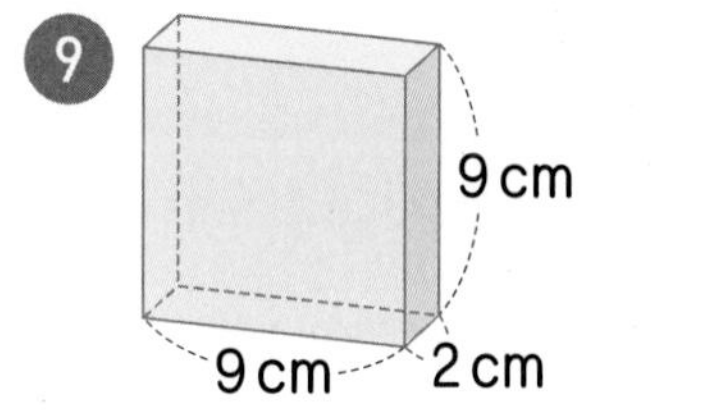

( )

10
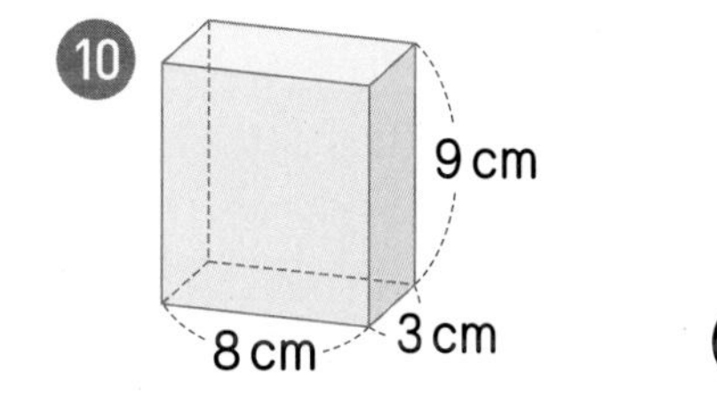

( )

11
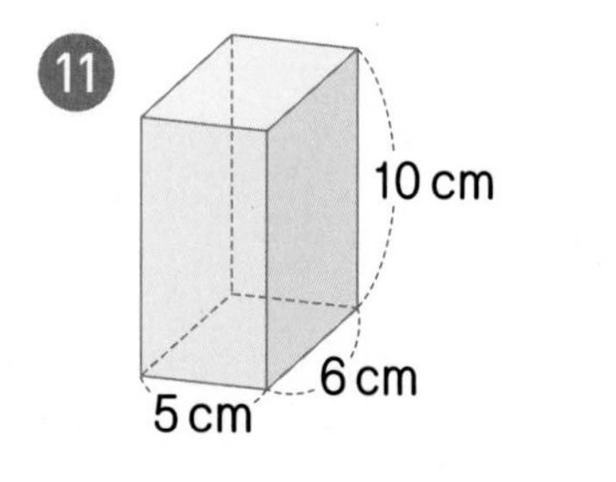

( )

12 3 cm, 8 cm, 4 cm
( )

13
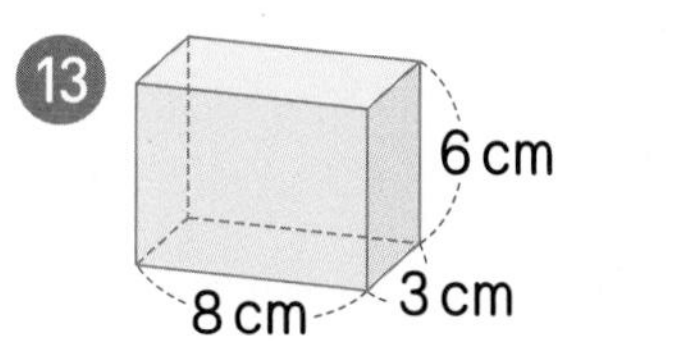

( )

14
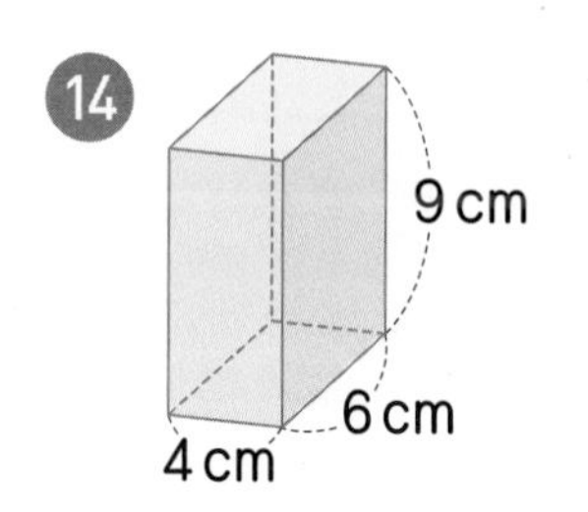

( )

15 10 cm, 5 cm, 5 cm
( )

16
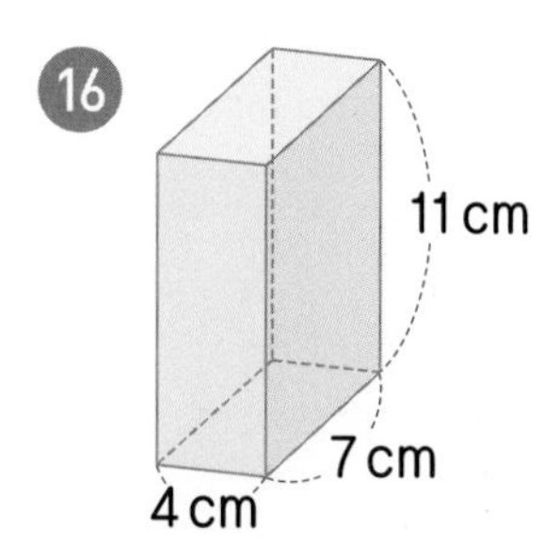

( )

○ 직육면체의 부피는 몇 cm^3인지 구해 보세요.

17
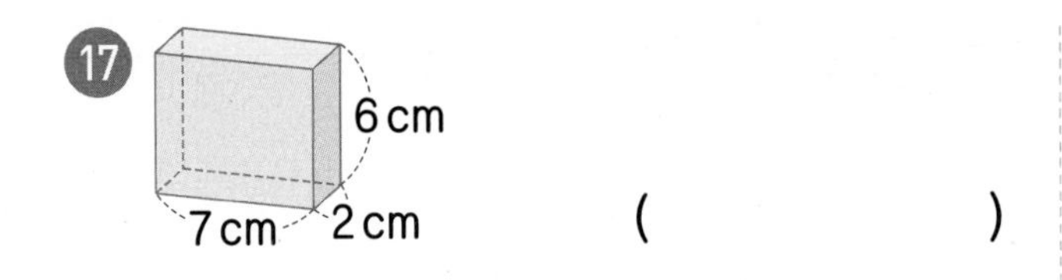

(　　　　　　)

18
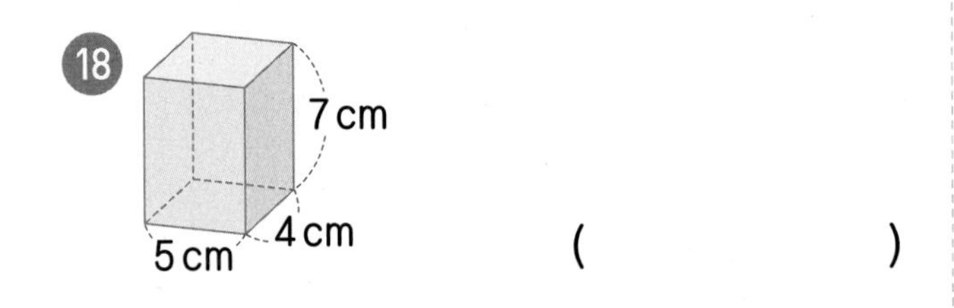

(　　　　　　)

19
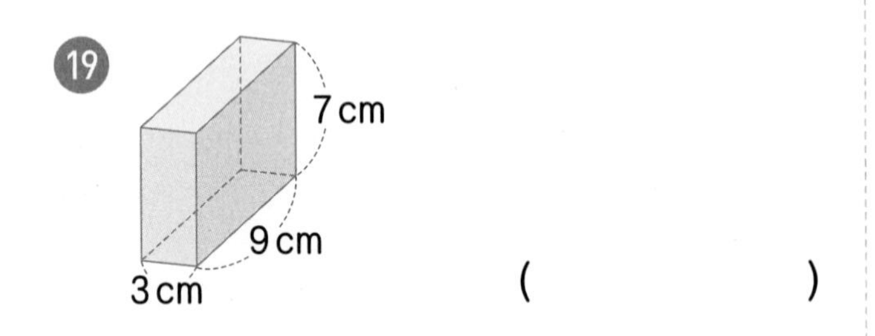

(　　　　　　)

20
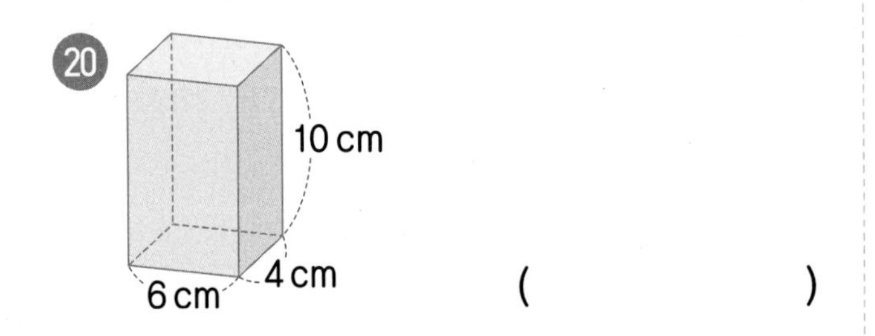

(　　　　　　)

21
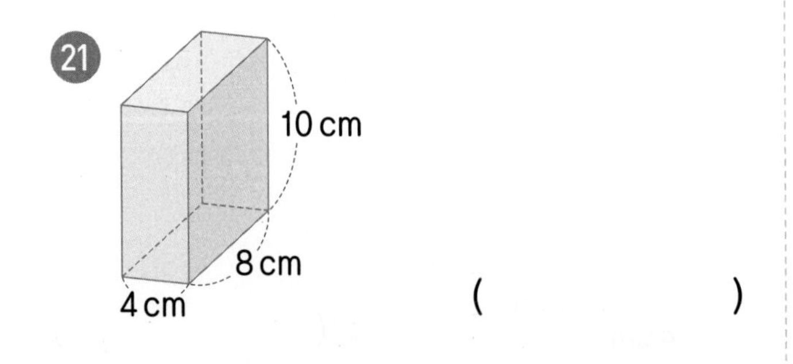

(　　　　　　)

22
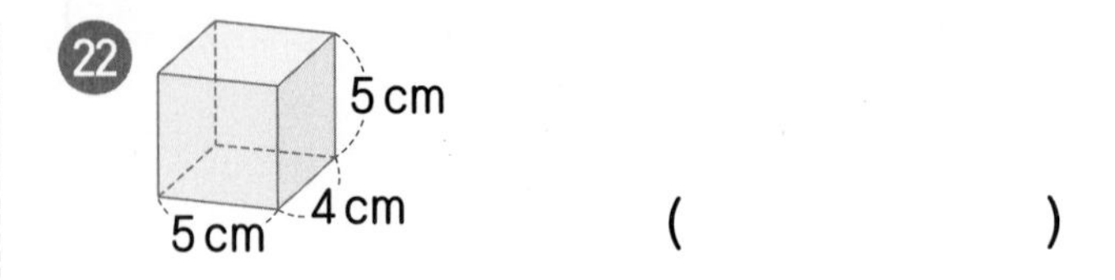

(　　　　　　)

23
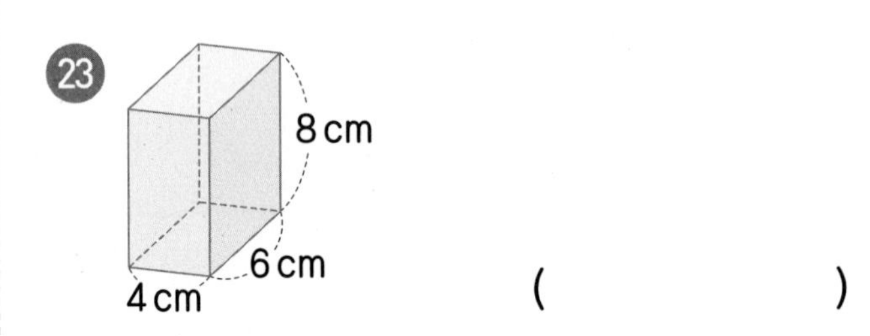

(　　　　　　)

24
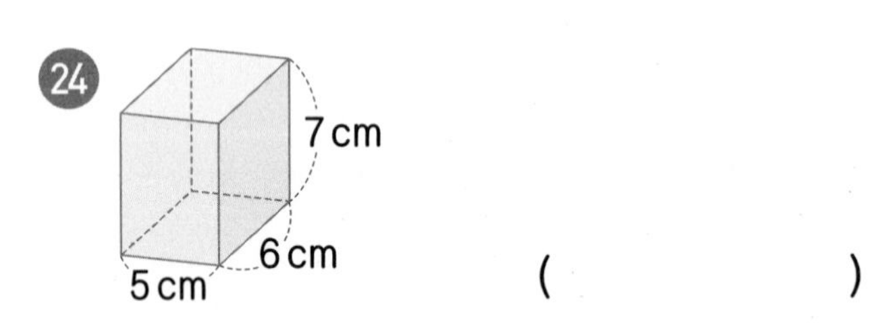

(　　　　　　)

25
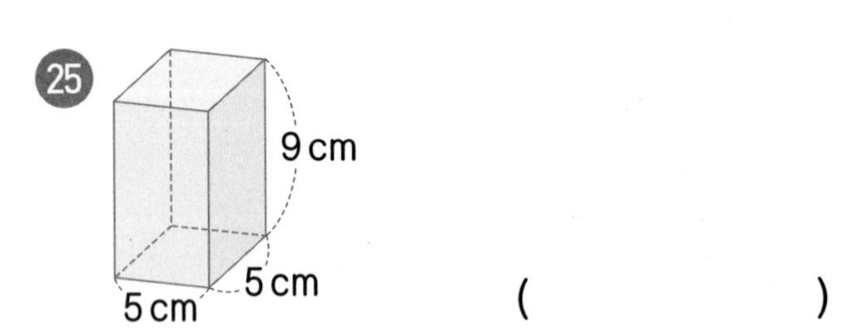

(　　　　　　)

26
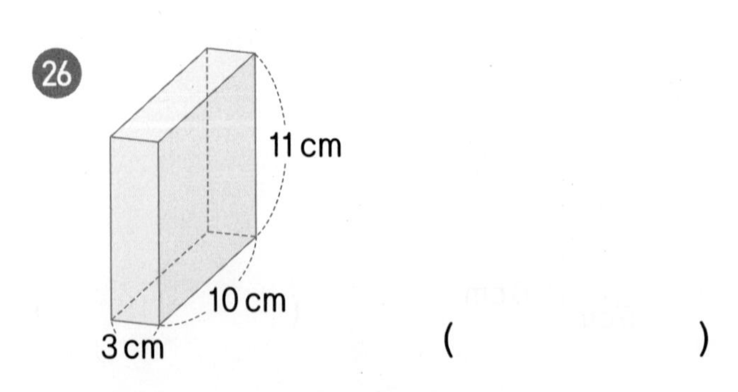

(　　　　　　)

◎ 전개도를 접었을 때 만들어지는 직육면체의 부피는 몇 m^3인지 구해 보세요.

㉗
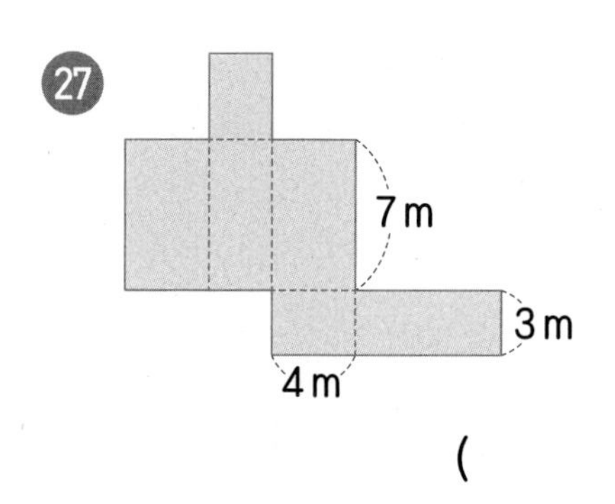

(　　　　　　　　　　)

㉘
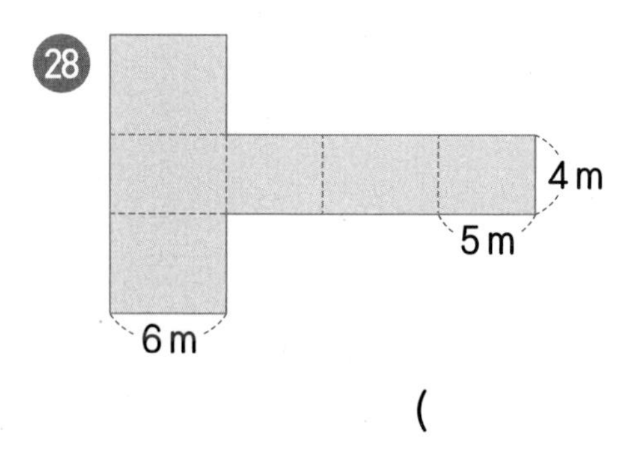

(　　　　　　　　　　)

㉙
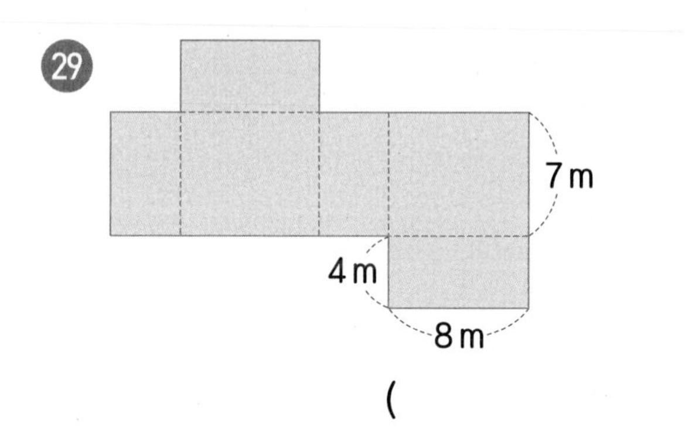

(　　　　　　　　　　)

㉚
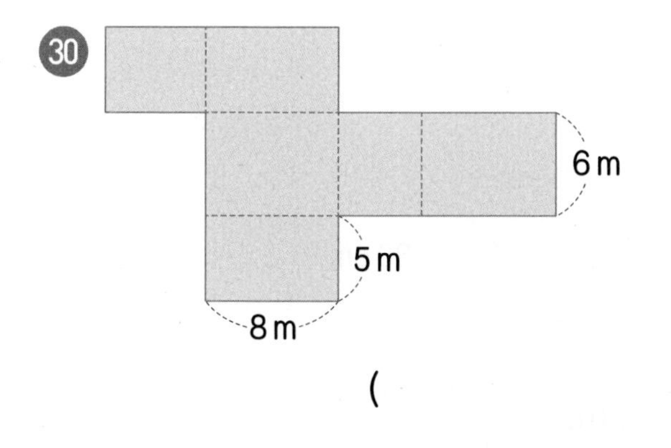

(　　　　　　　　　　)

㉛
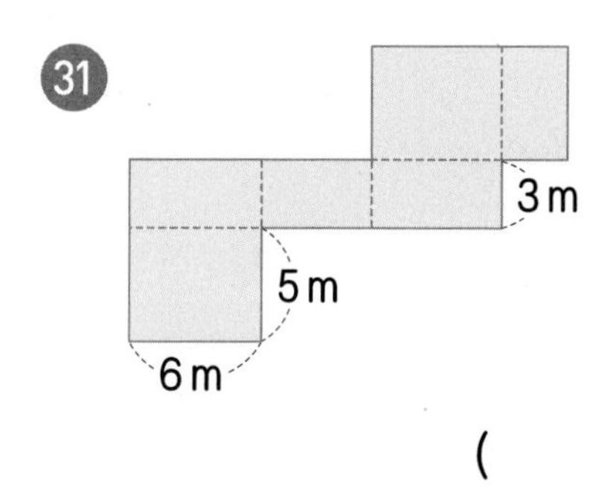

(　　　　　　　　　　)

㉜
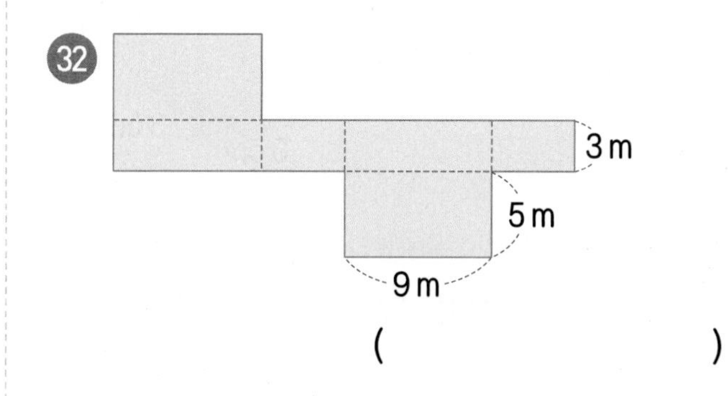

(　　　　　　　　　　)

㉝
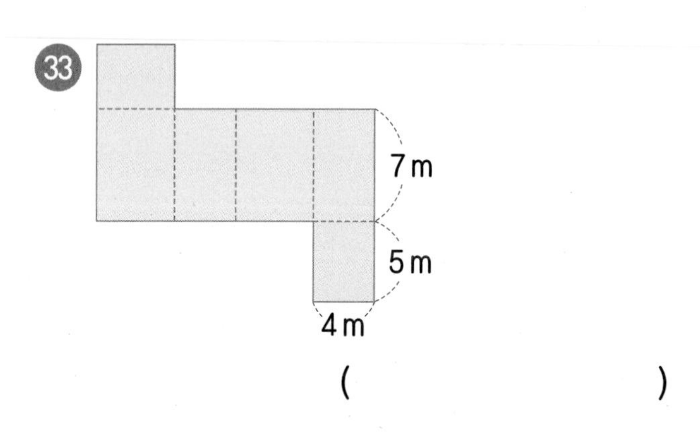

(　　　　　　　　　　)

㉞
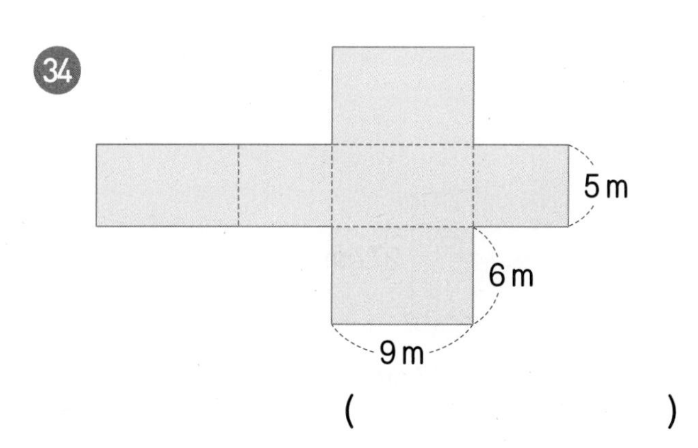

(　　　　　　　　　　)

정육면체의 부피

(정육면체의 부피) = (한 모서리의 길이) × (한 모서리의 길이) × (한 모서리의 길이)

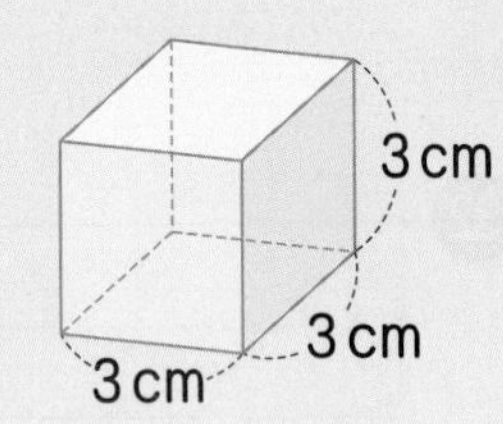

(정육면체의 부피)
$=3\times3\times3$
$=27(\text{cm}^3)$

○ **정육면체의 부피는 몇 cm^3인지 구해 보세요.**

1
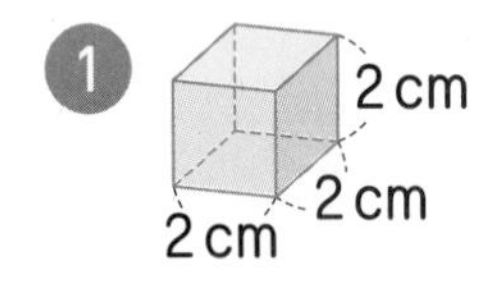

( )

4
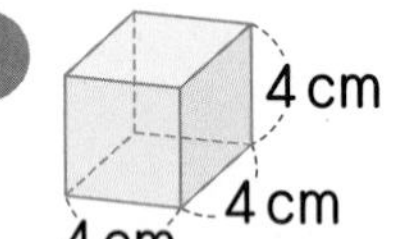

( )

2
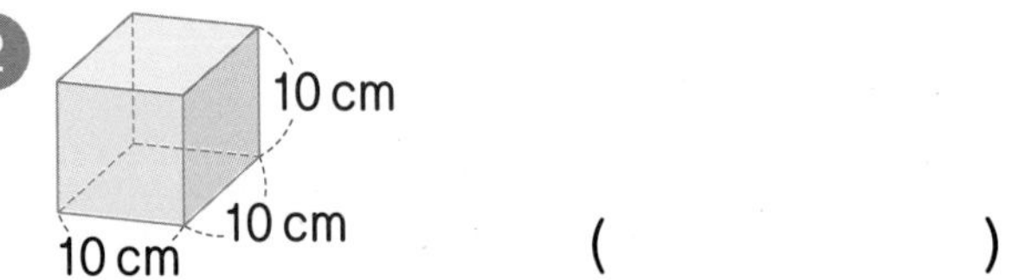

( )

5
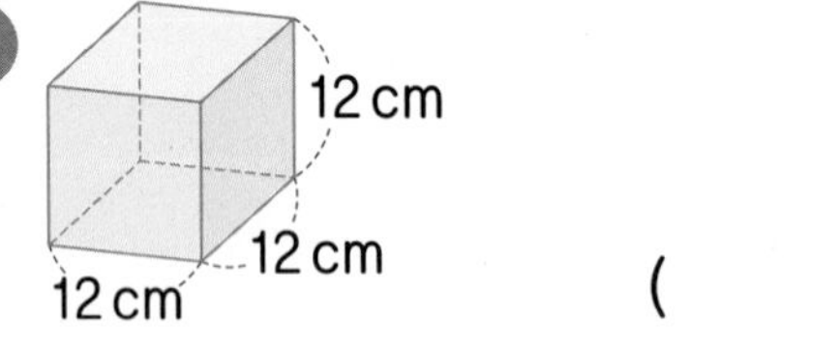

( )

3
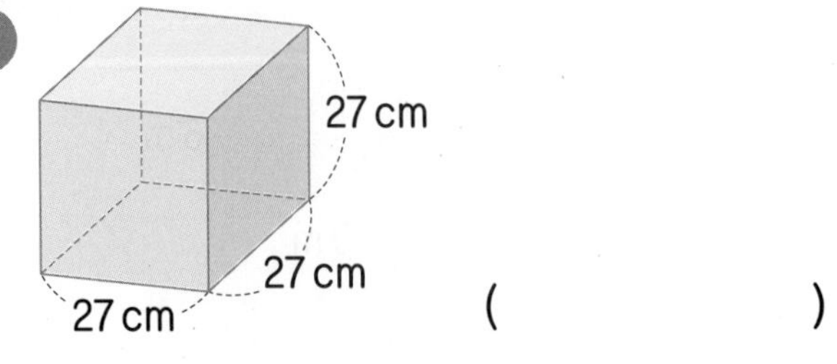

( )

6
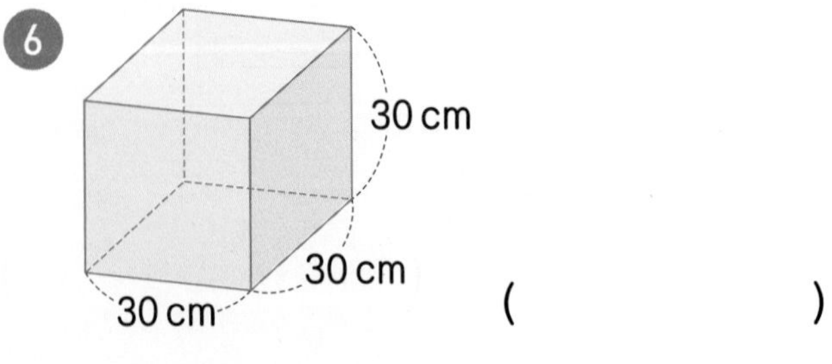

( )

7 5 cm 5 cm 5 cm ( )

8 13 cm 13 cm 13 cm ( )

9 19 cm 19 cm 19 cm ( )

10 25 cm 25 cm 25 cm ( )

11 33 cm 33 cm 33 cm ( )

12 6 cm 6 cm 6 cm ( )

13 15 cm 15 cm 15 cm ( )

14 20 cm 20 cm 20 cm ( )

15 28 cm 28 cm 28 cm ( )

16
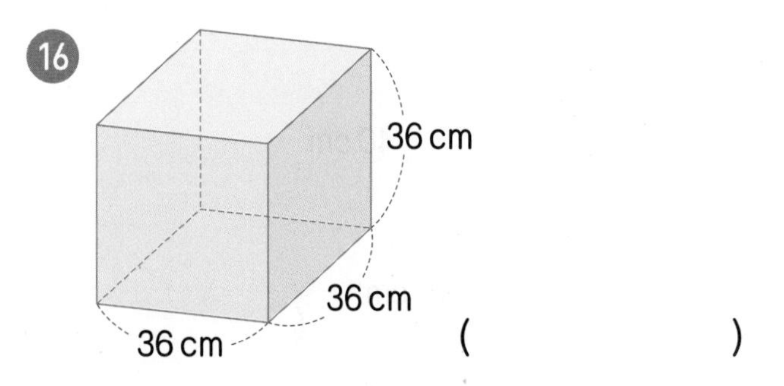

( )

◎ 정육면체의 부피는 몇 cm^3인지 구해 보세요.

17
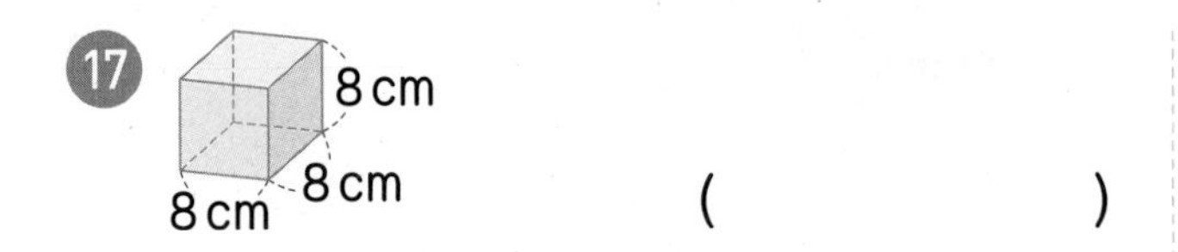

(   )

18
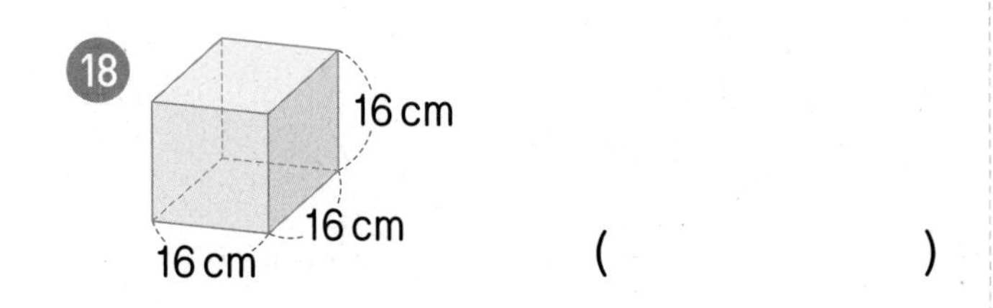

(   )

19
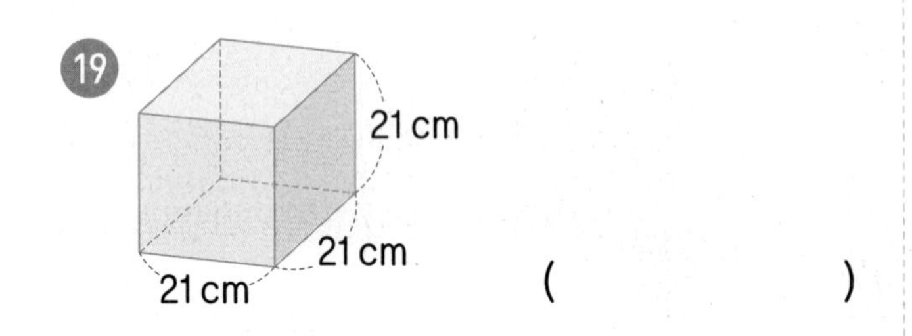

(   )

20
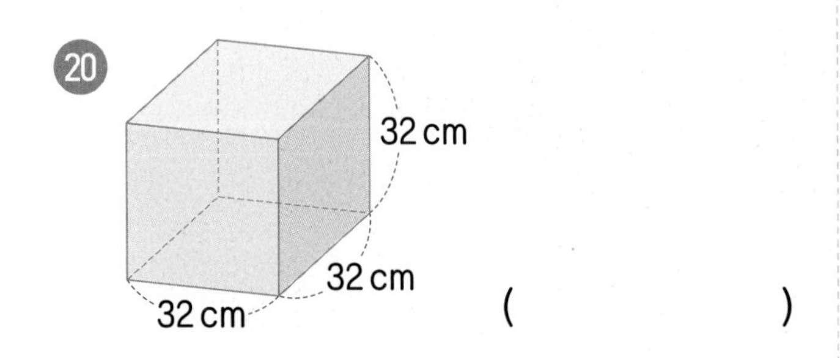

(   )

21
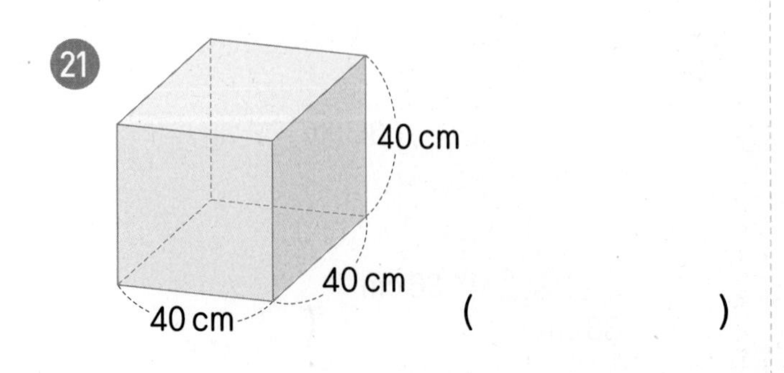

(   )

22
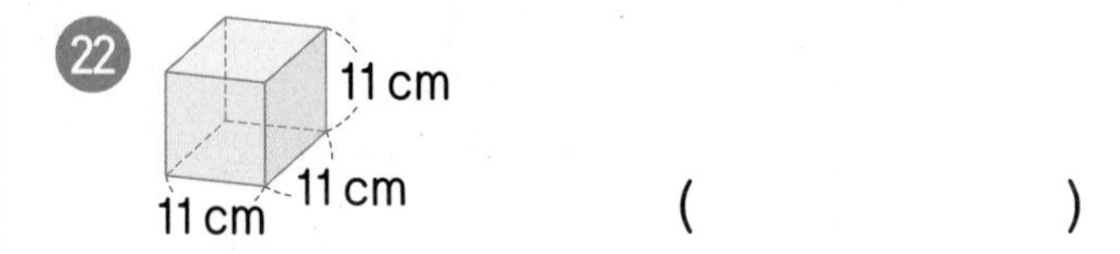

(   )

23
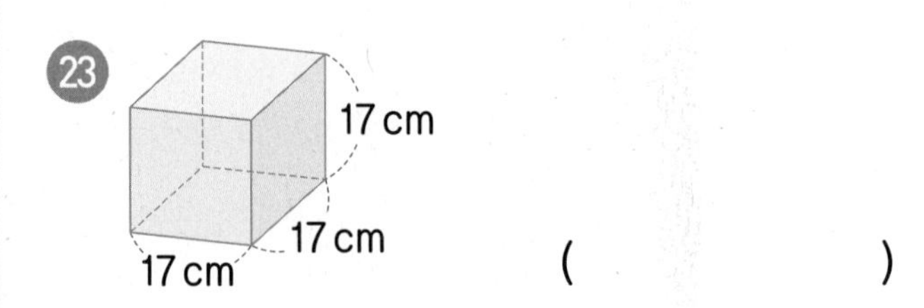

(   )

24
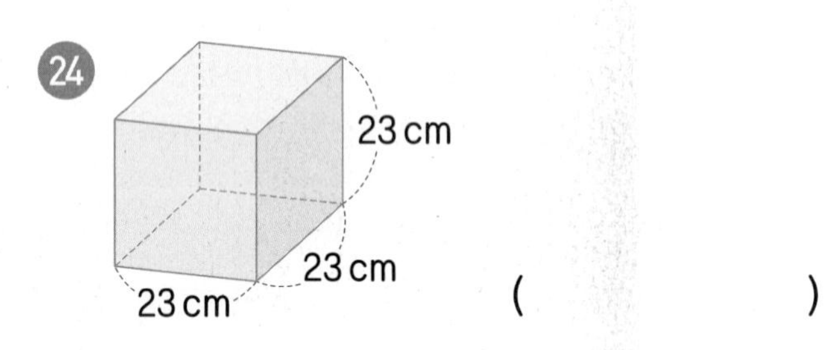

(   )

25
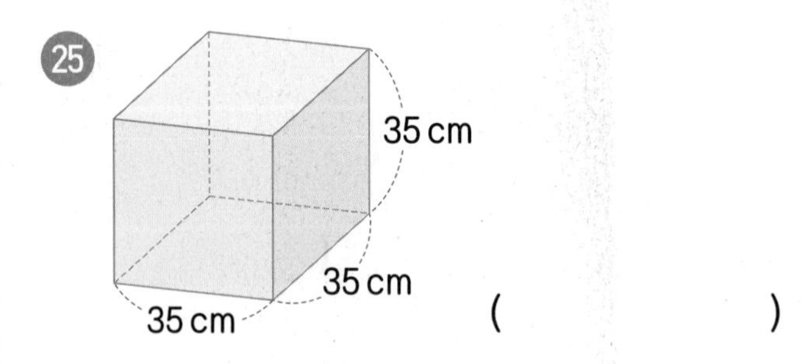

(   )

26
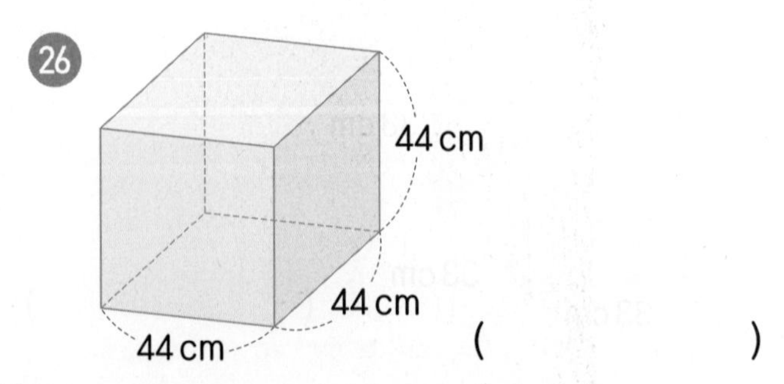

(   )

◎ 전개도를 접었을 때 만들어지는 정육면체의 부피는 몇 m^3인지 구해 보세요.

27
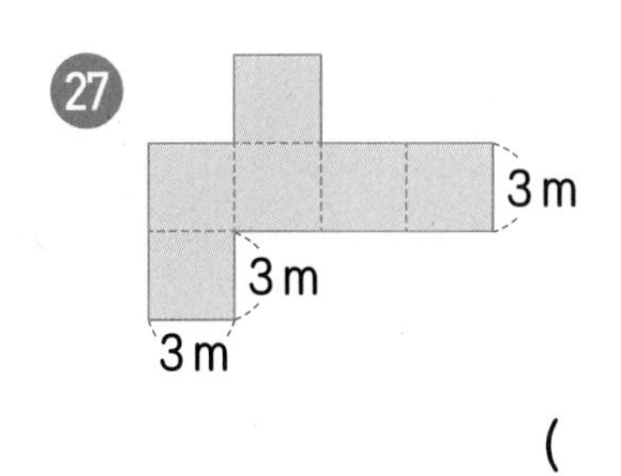

( )

28
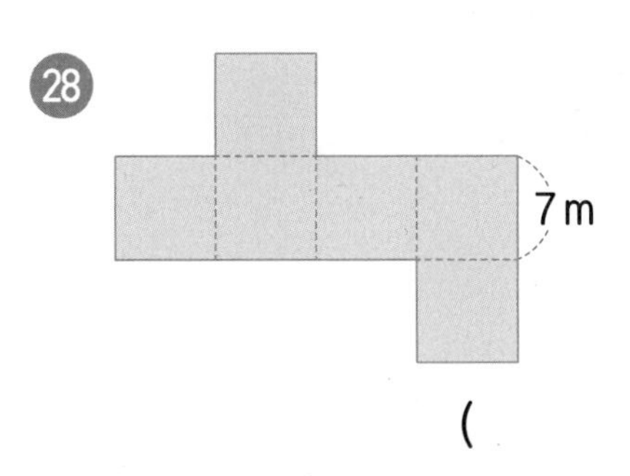

( )

29
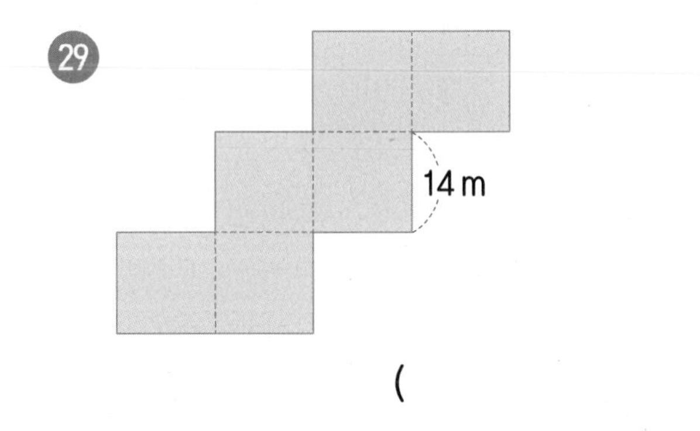

( )

30
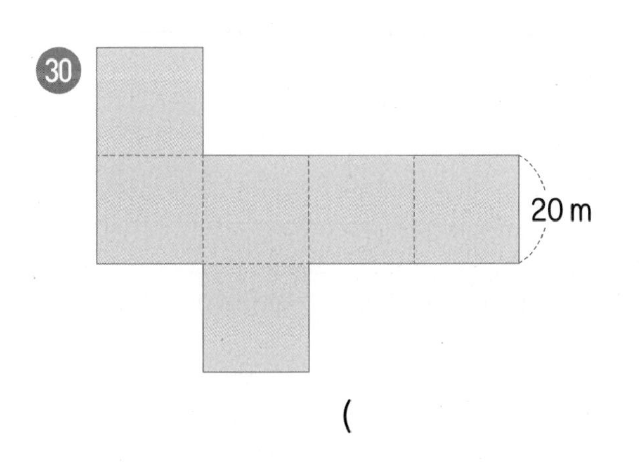

( )

31
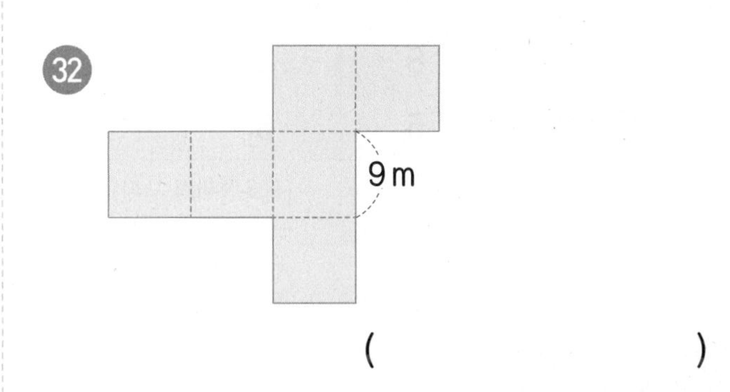

( )

32
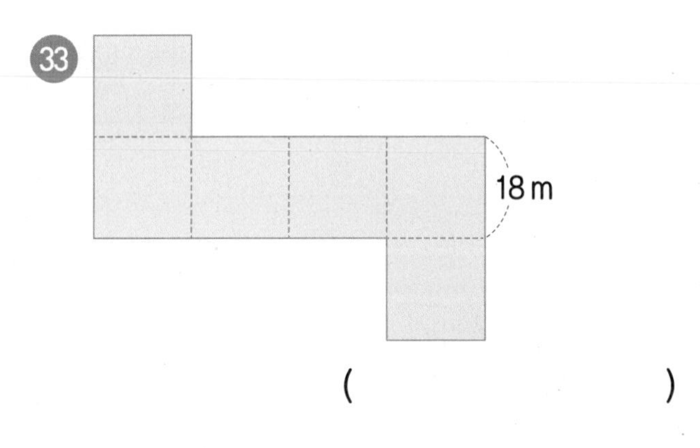

( )

33

( )

34
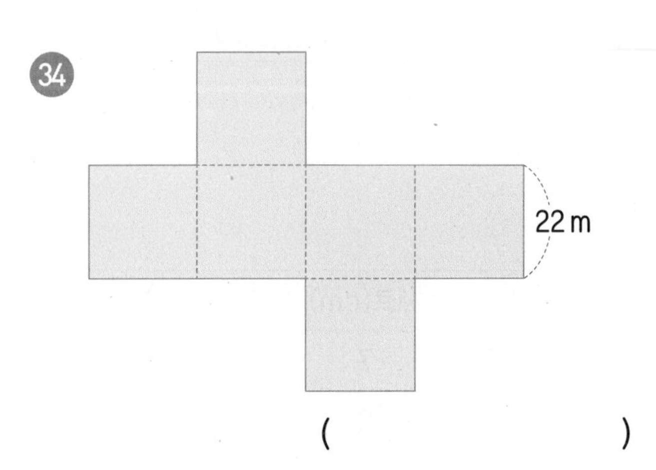

( )

계산 Plus+

직육면체와 정육면체의 부피

◎ 가로, 세로, 높이가 각각 다음과 같은 직육면체의 부피를 구해 보세요.

1

가로(cm)	세로(cm)	높이(cm)	부피(cm^3)
5	8	2	
6	5	6	

(직육면체의 부피)
=(가로)×(세로)×(높이)를
계산해요.

5

가로(m)	세로(m)	높이(m)	부피(m^3)
4	6	3	
5	3	8	

2

가로(cm)	세로(cm)	높이(cm)	부피(cm^3)
3	8	9	
4	9	7	

6

가로(m)	세로(m)	높이(m)	부피(m^3)
6	4	6	
8	3	7	

3

가로(cm)	세로(cm)	높이(cm)	부피(cm^3)
8	11	3	
9	3	10	

7

가로(m)	세로(m)	높이(m)	부피(m^3)
9	4	5	
9	7	6	

4

가로(cm)	세로(cm)	높이(cm)	부피(cm^3)
5	7	9	
8	6	7	

8

가로(m)	세로(m)	높이(m)	부피(m^3)
7	11	5	
5	8	10	

한 모서리의 길이가 다음과 같은 정육면체의 부피를 구해 보세요.

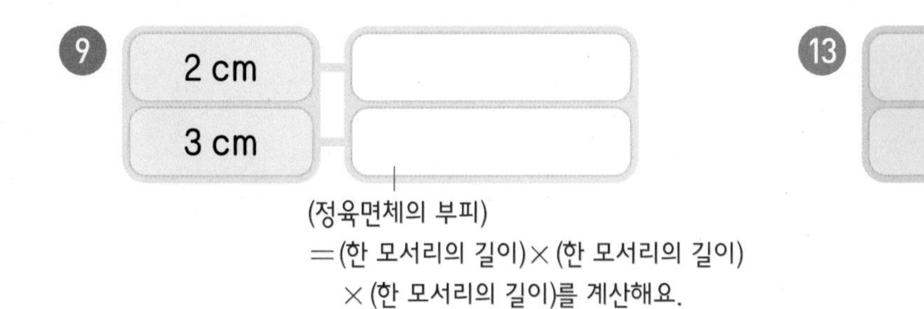

9
| 2 cm | |
| 3 cm | |

(정육면체의 부피)
=(한 모서리의 길이)×(한 모서리의 길이)
×(한 모서리의 길이)를 계산해요.

10
| 6 cm | |
| 9 cm | |

11
| 10 cm | |
| 14 cm | |

12
| 17 cm | |
| 19 cm | |

13
| 4 m | |
| 7 m | |

14
| 8 m | |
| 11 m | |

15
| 13 m | |
| 15 m | |

16
| 16 m | |
| 21 m | |

사다리를 타고 내려가서 도착한 곳에 직육면체 모양 상자의 부피는 몇 cm^3인지 써넣으세요.

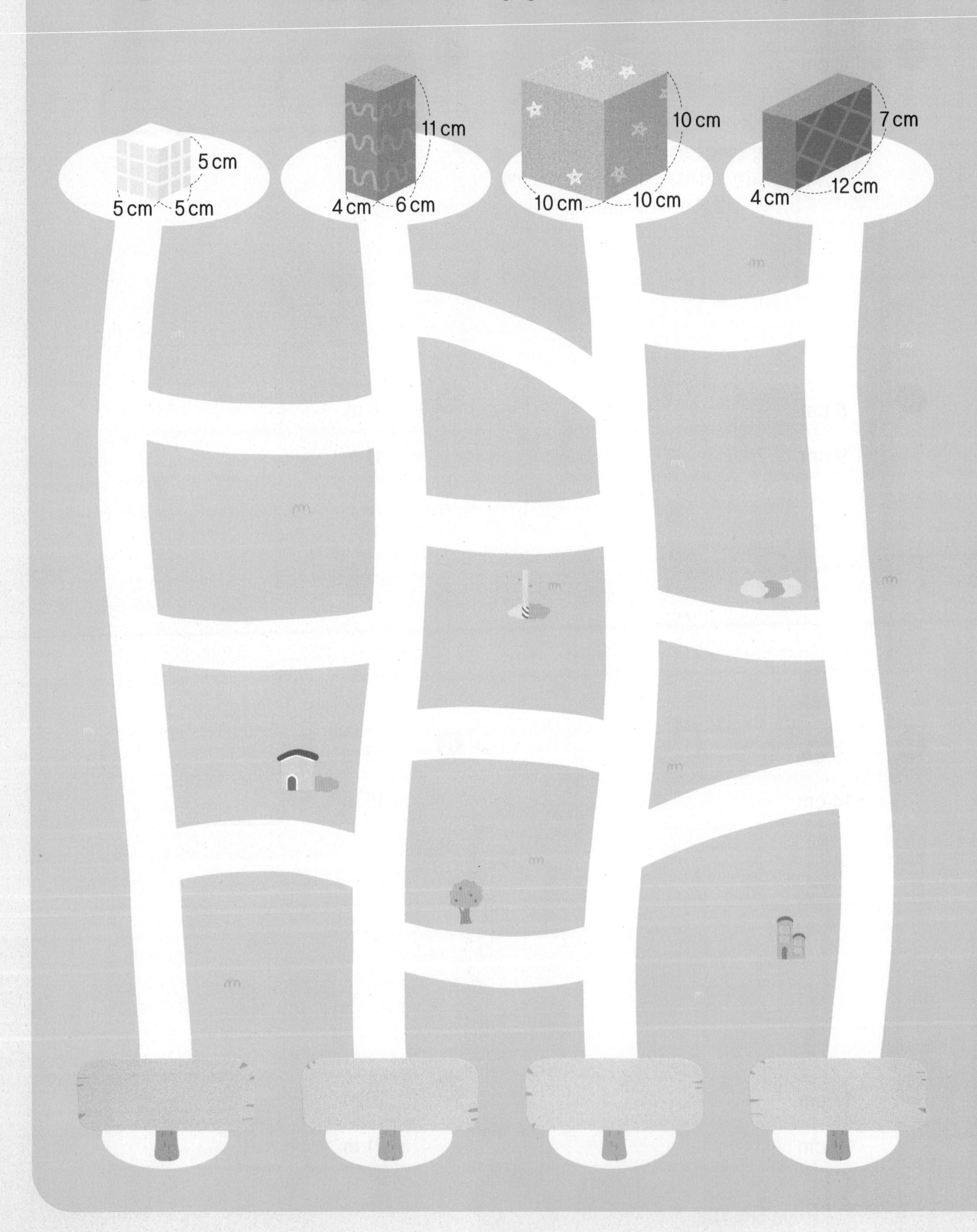

갈림길에서 만나는 직육면체의 부피를 따라가면 미연이가 받을 생일 선물을 알 수 있습니다. 미연이가 받을 생일 선물에 ◯표 하세요.

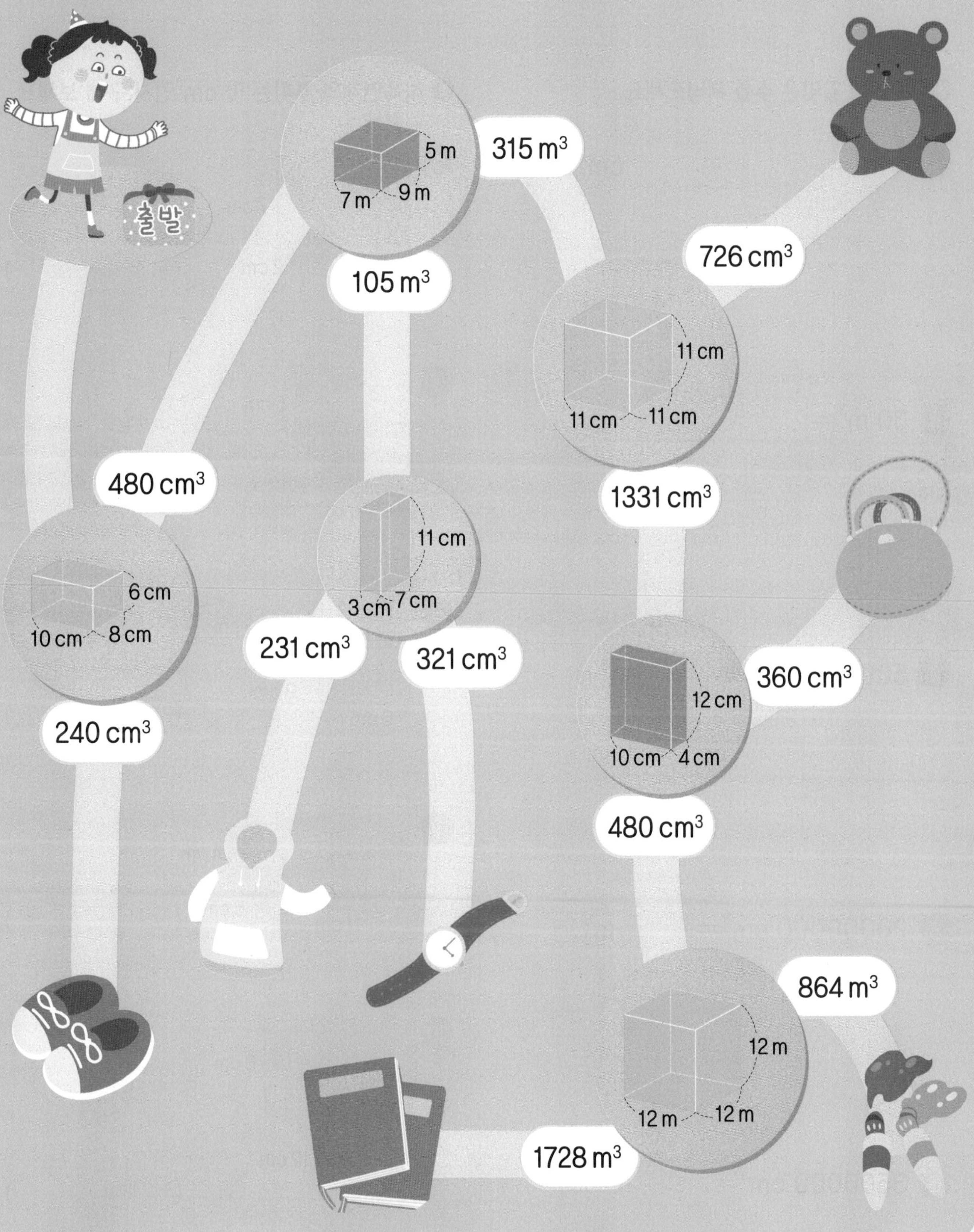

36 직육면체의 부피 평가

공부한 날짜 월 일

○ □ 안에 알맞은 수를 써넣으세요.

❶ $4\ m^3 =$ □ cm^3

❷ $30\ m^3 =$ □ cm^3

❸ $5000000\ cm^3 =$ □ m^3

❹ $20000000\ cm^3 =$ □ m^3

❺ $3500000\ cm^3 =$ □ m^3

○ 직육면체의 부피는 몇 cm^3인지 구해 보세요.

❻
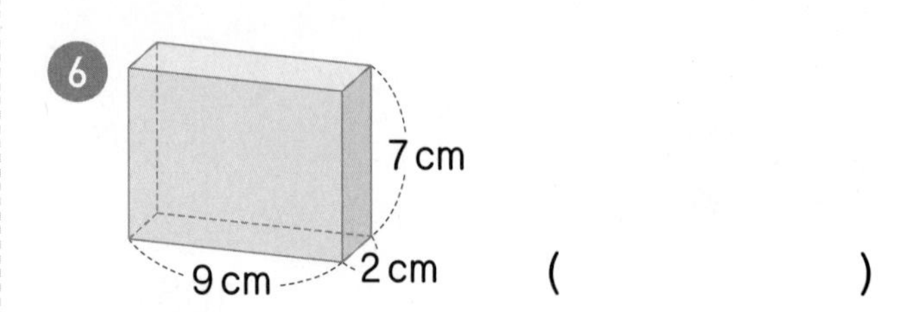

( )

❼
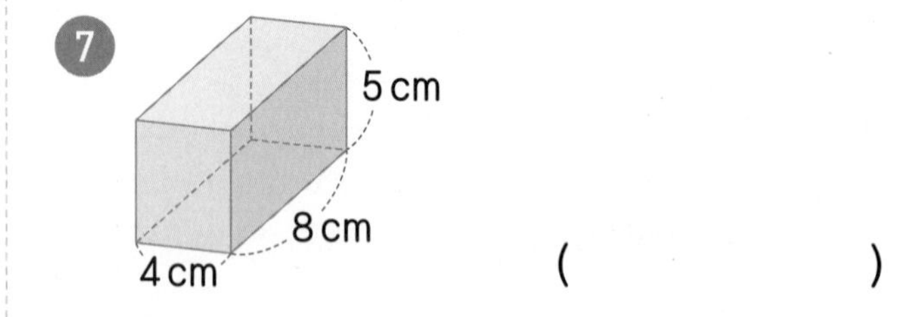

( )

❽
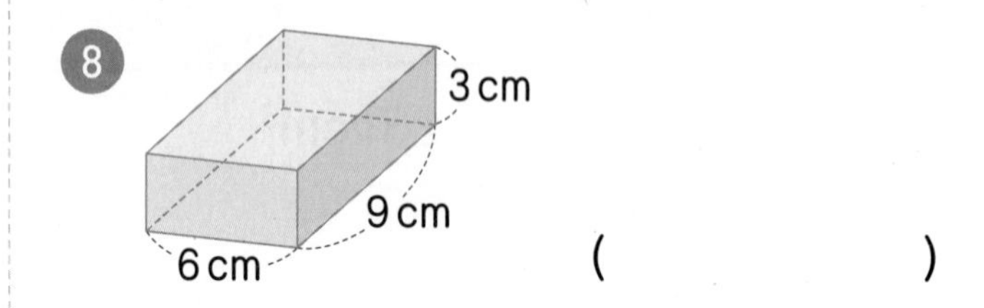

( )

❾
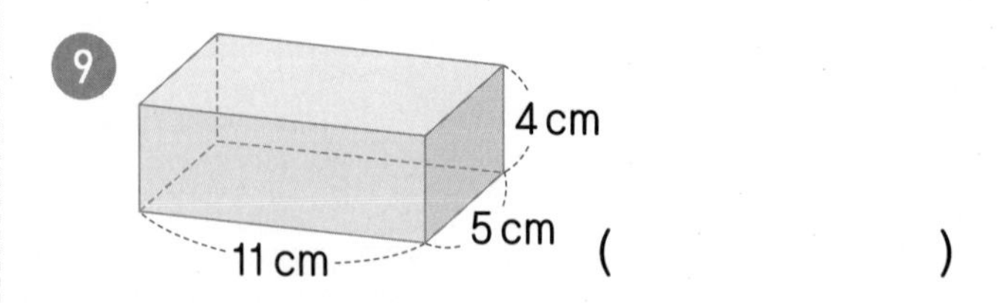

( )

❿
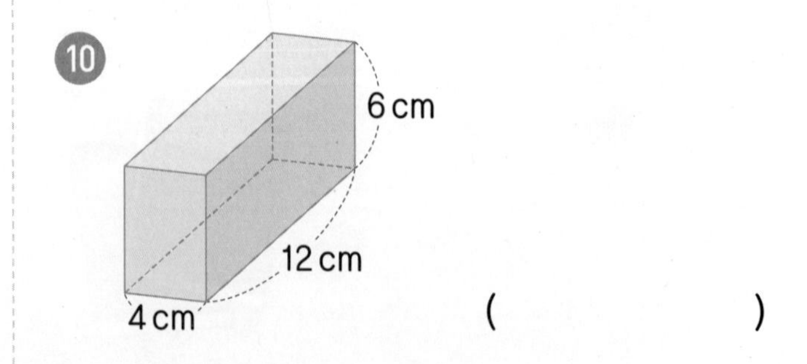

( )

정육면체의 부피는 몇 cm^3인지 구해 보세요.

11
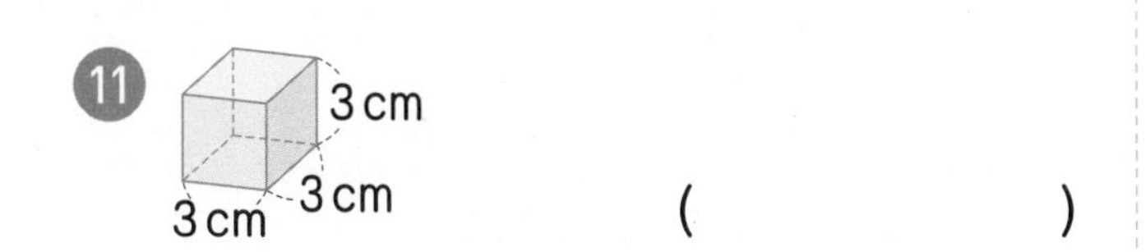

( )

12
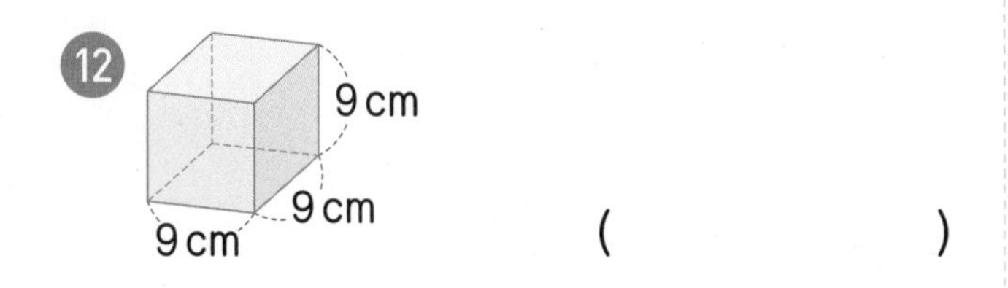

( )

13
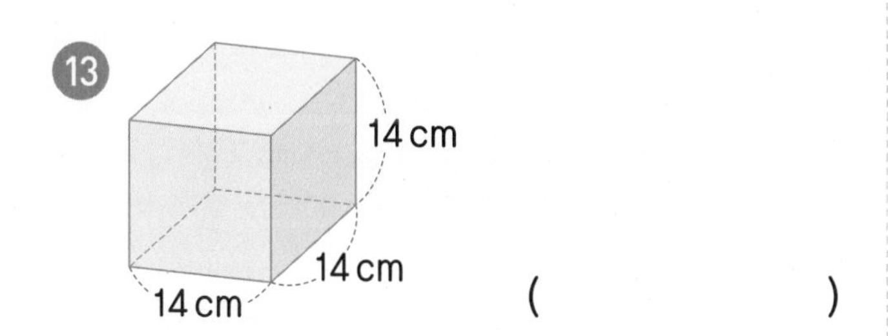

( )

14
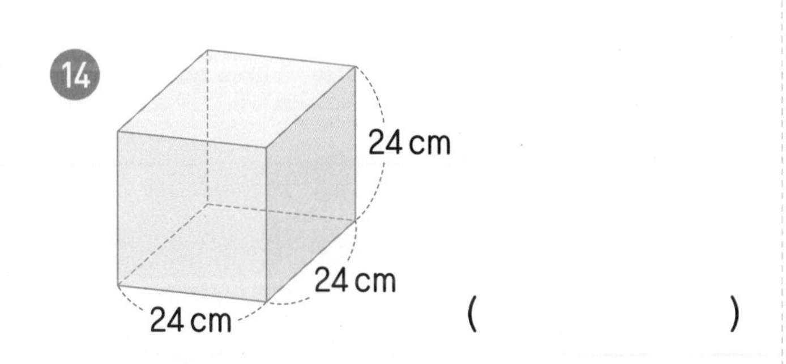

( )

15
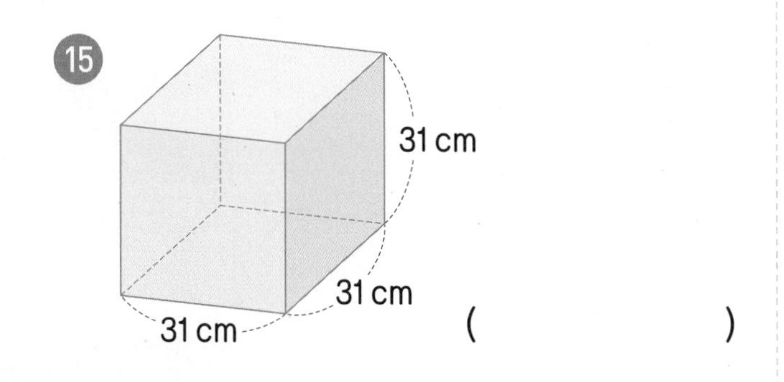

( )

전개도로 만들 수 있는 직육면체 또는 정육면체의 부피는 몇 m^3인지 구해 보세요.

16
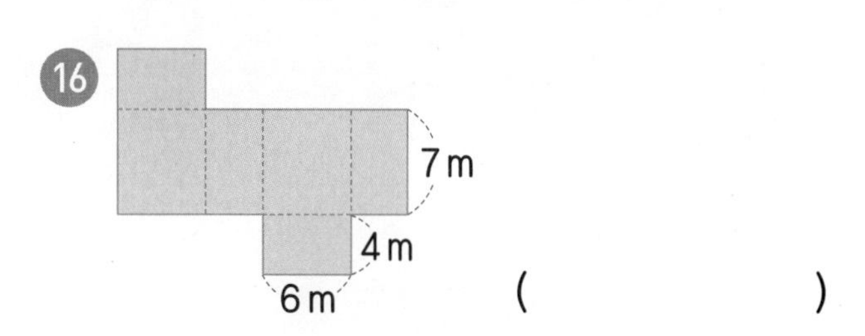

( )

17
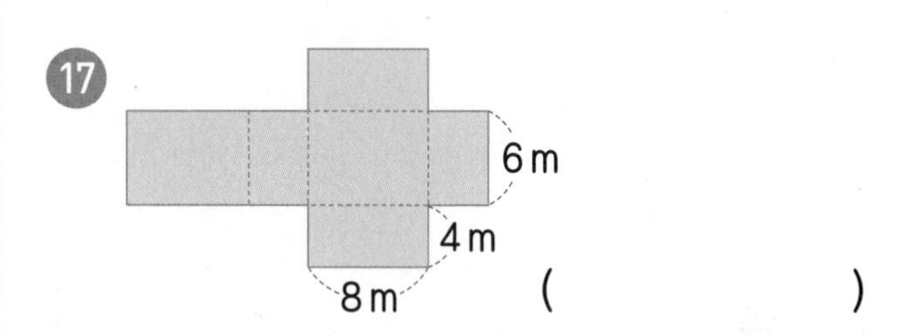

( )

18
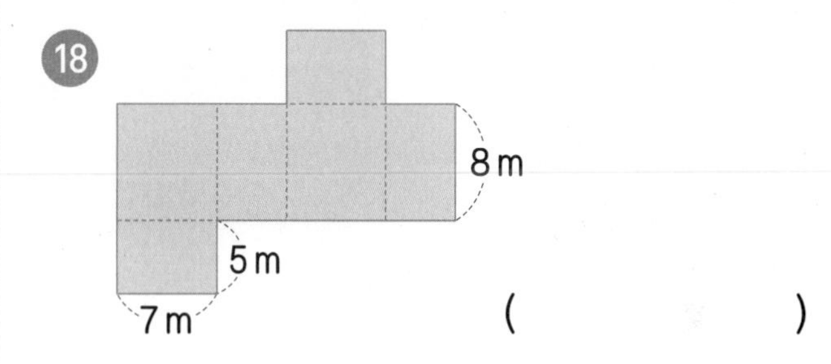

( )

19
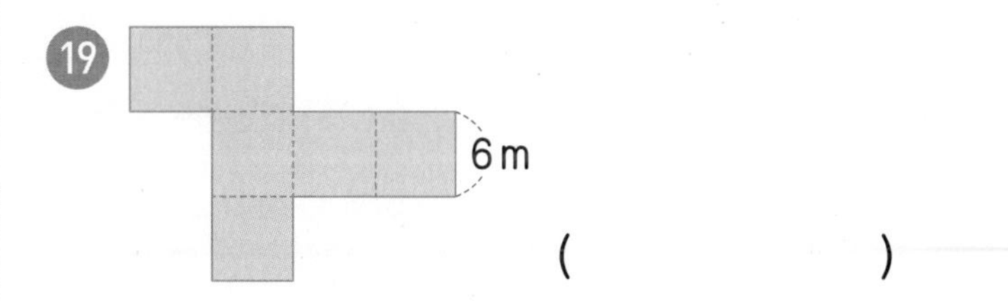

( )

20
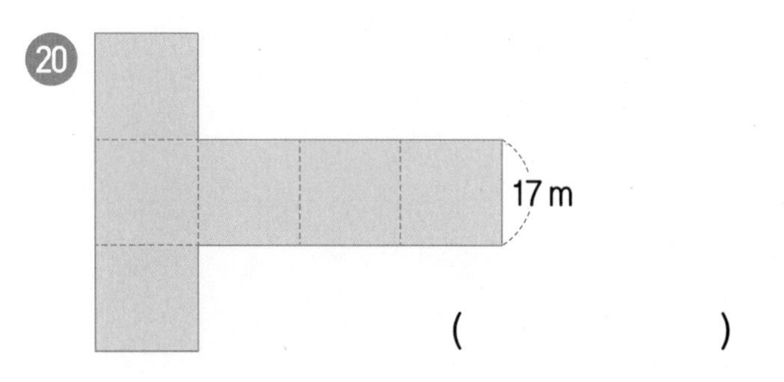

( )

5

직육면체의 겉넓이를 구하는 방법을 알고
이를 구하는 훈련이 중요한

직육면체의 겉넓이

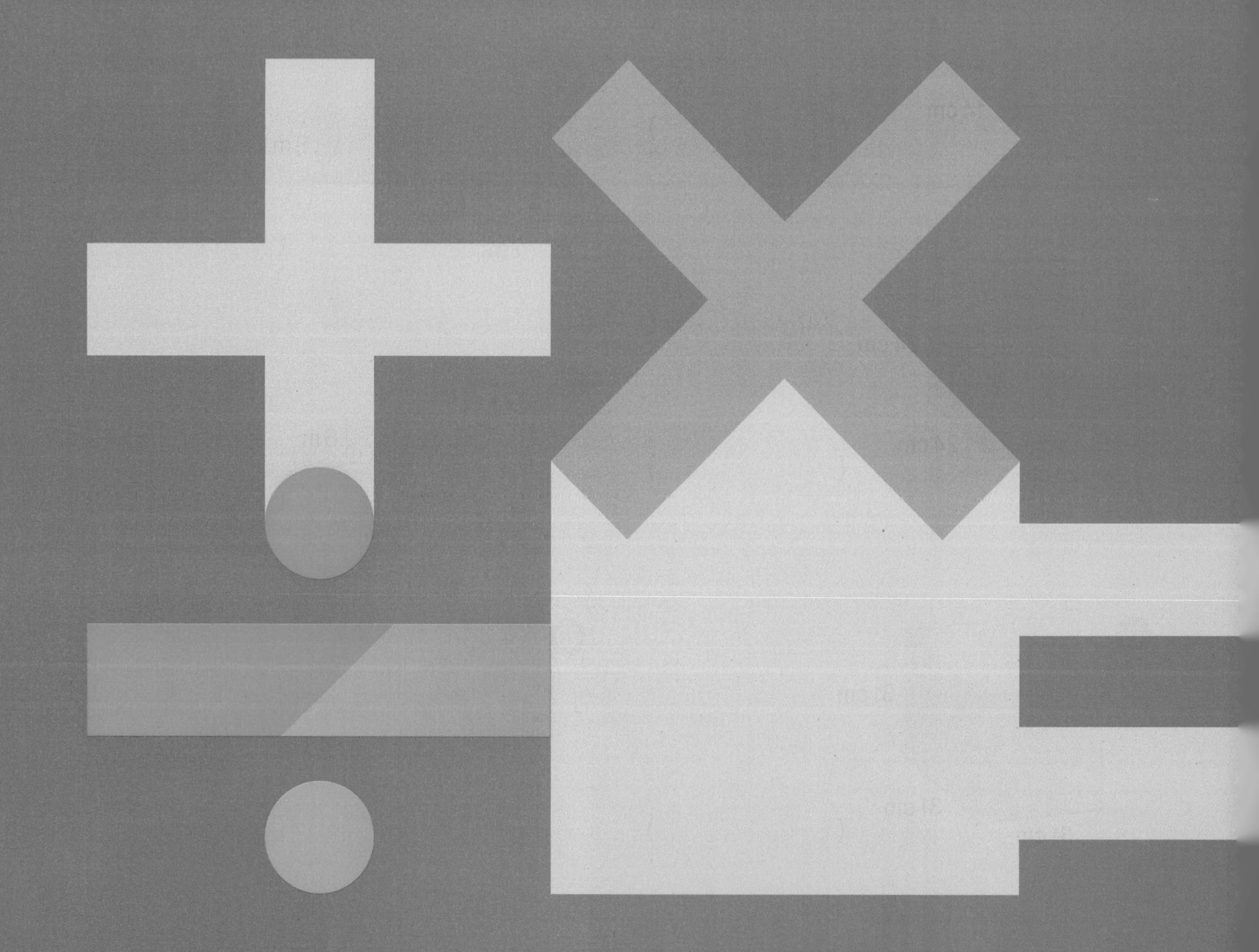

37 직육면체의 겉넓이

(직육면체의 겉넓이)=(한 꼭짓점에서 만나는 세 면의 넓이의 합)×2

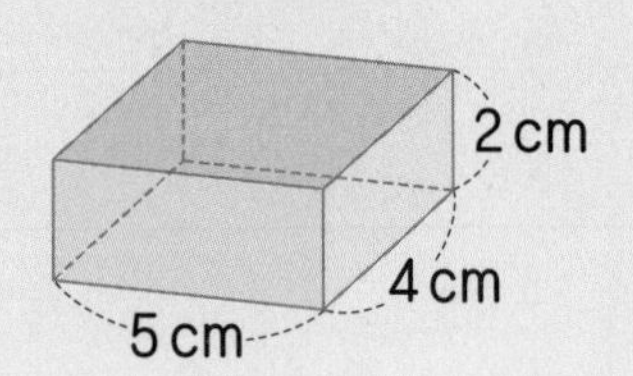

(직육면체의 겉넓이)

$=(5\times4+5\times2+4\times2)\times2$

$=76(\text{cm}^2)$

○ 직육면체의 겉넓이는 몇 cm^2인지 구해 보세요.

1
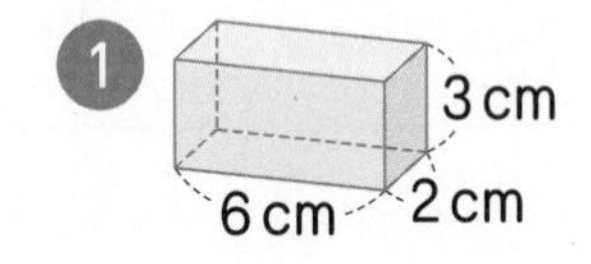

( )

2
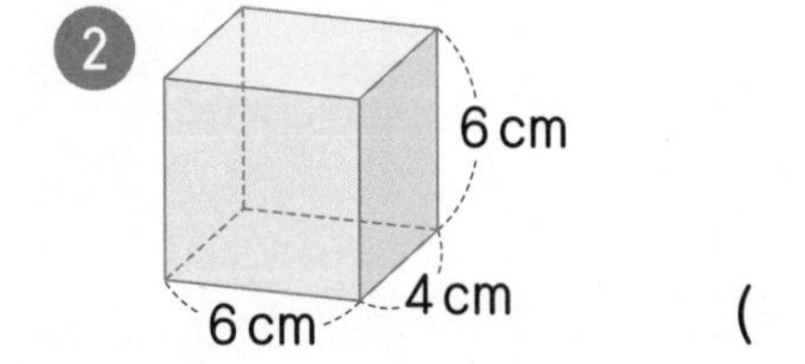

( )

3
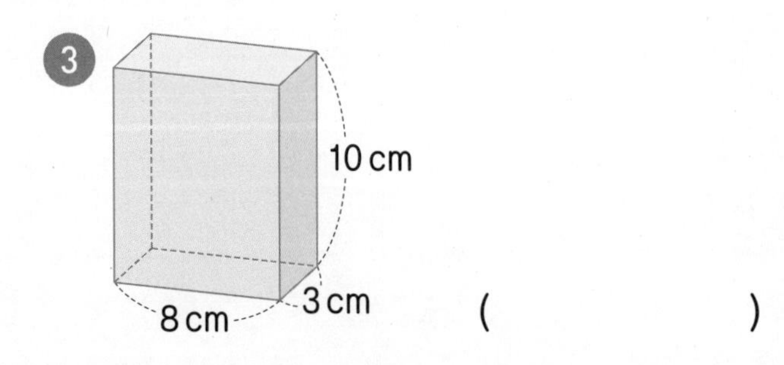

( )

4 3 cm, 5 cm, 4 cm

( )

5 7 cm, 9 cm, 4 cm

( )

6
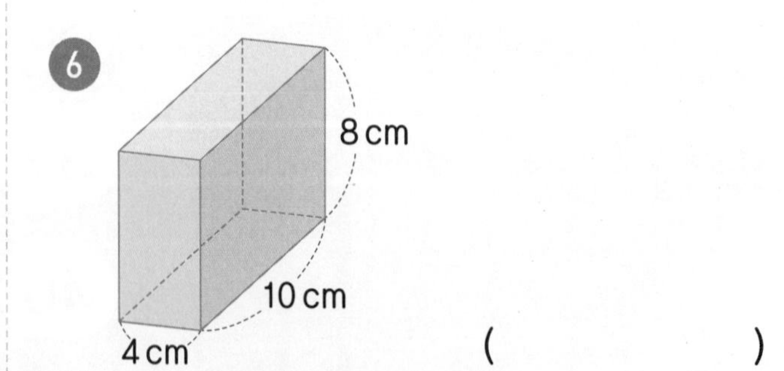

( )

7
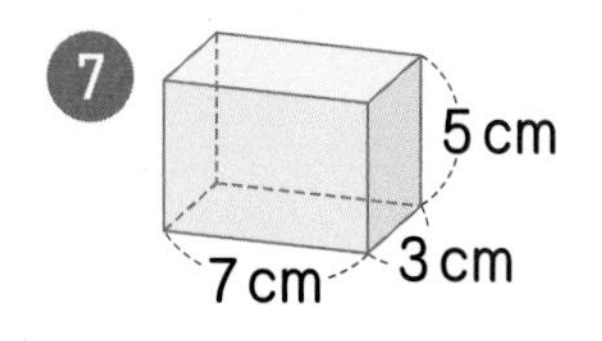

(　　　　　　)

8
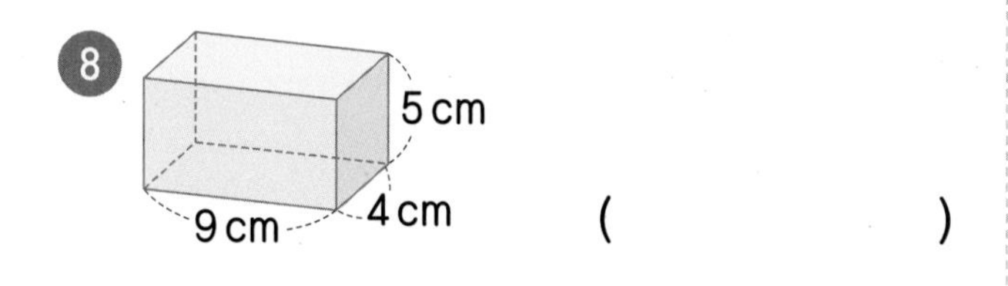

(　　　　　　)

9
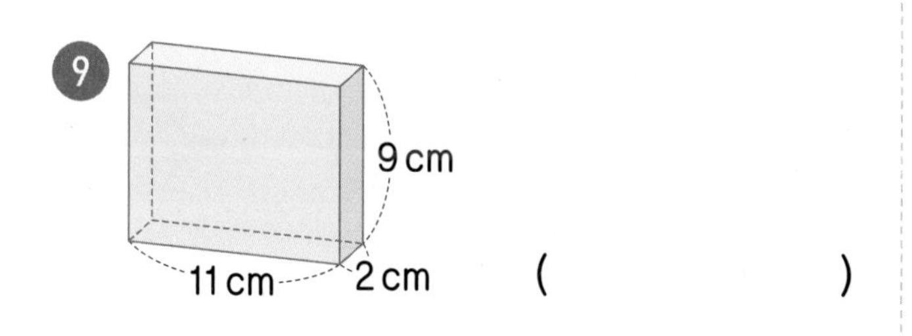

(　　　　　　)

10
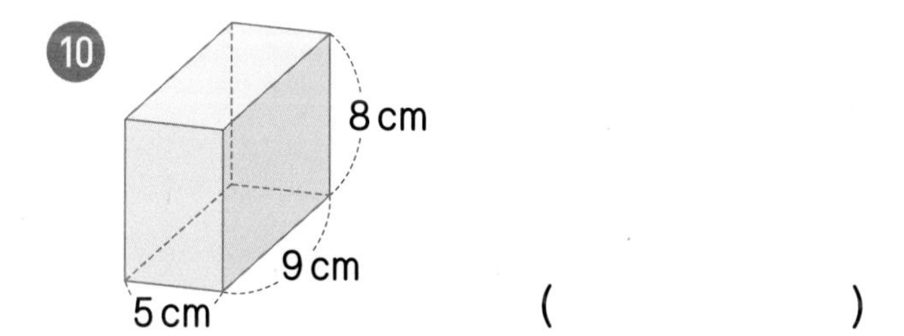

(　　　　　　)

11
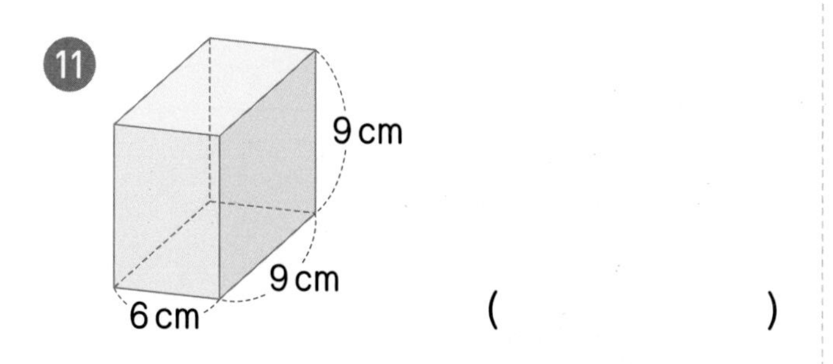

(　　　　　　)

12
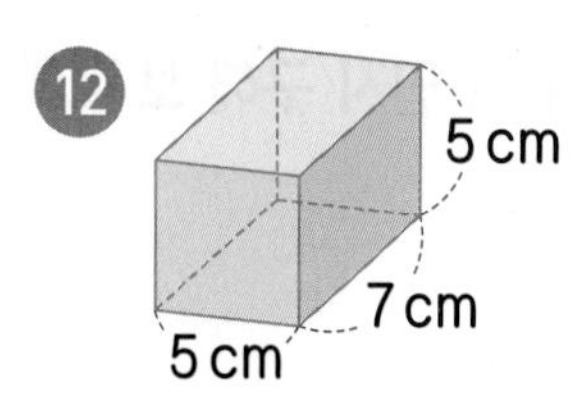

(　　　　　　)

13
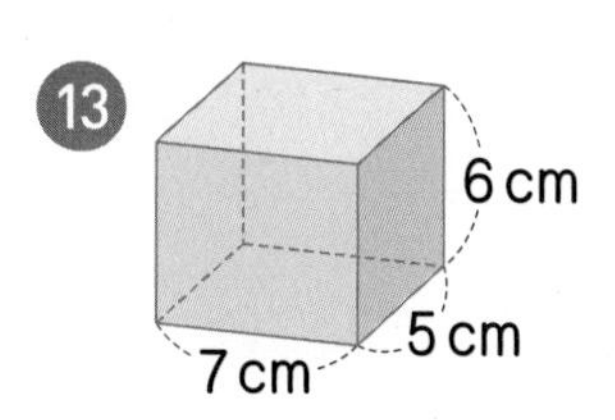

(　　　　　　)

14
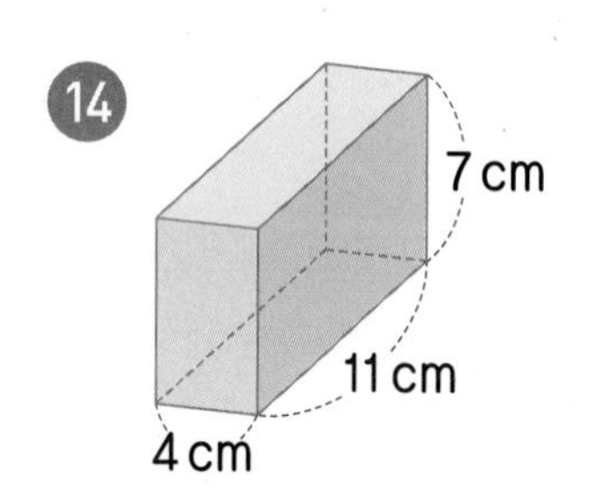

(　　　　　　)

15
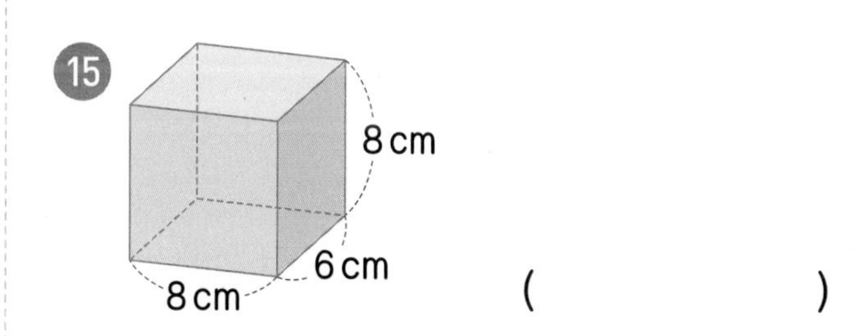

(　　　　　　)

16
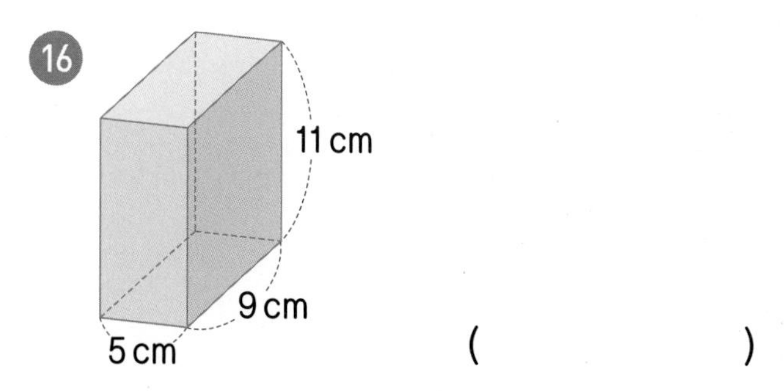

(　　　　　　)

● 직육면체의 겉넓이는 몇 cm^2인지 구해 보세요.

17
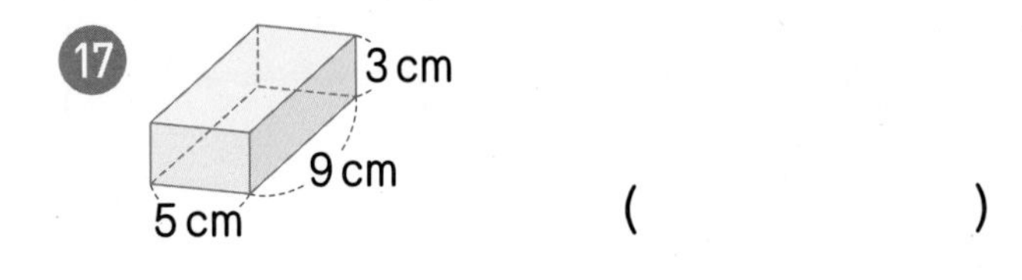

(　　　　　　　)

18

(　　　　　　　)

19
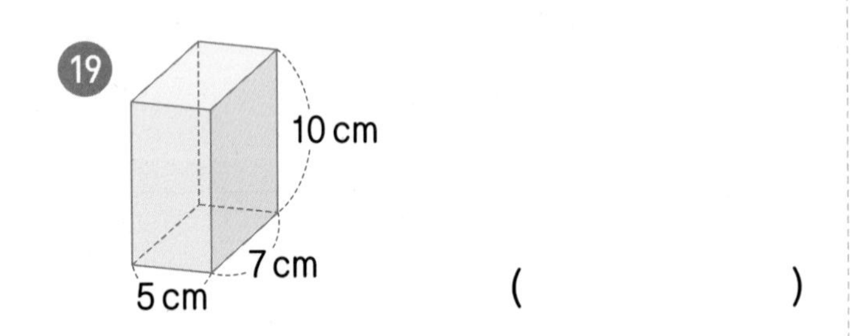

(　　　　　　　)

20
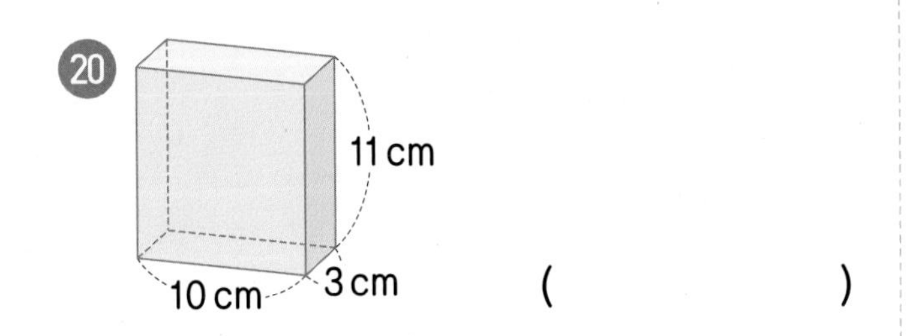

(　　　　　　　)

21
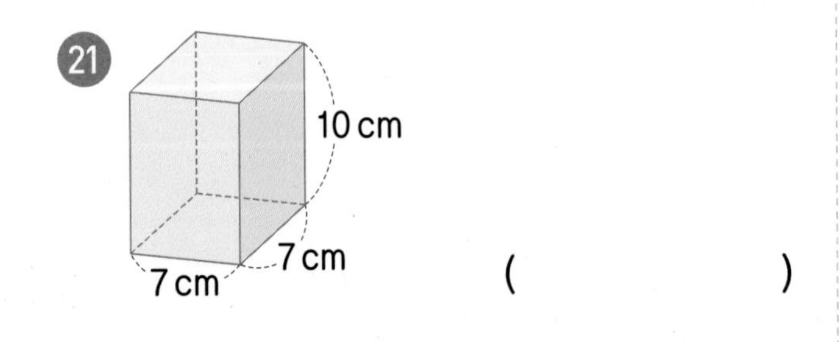

(　　　　　　　)

22
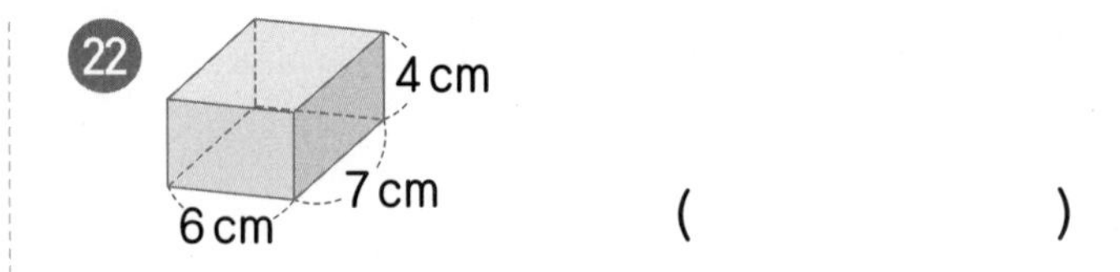

(　　　　　　　)

23
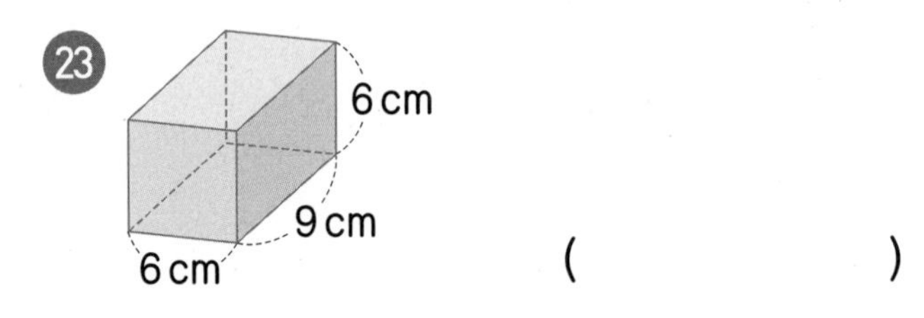

(　　　　　　　)

24
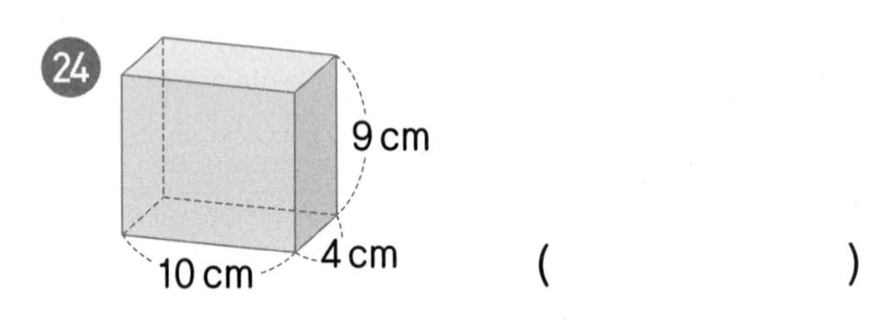

(　　　　　　　)

25
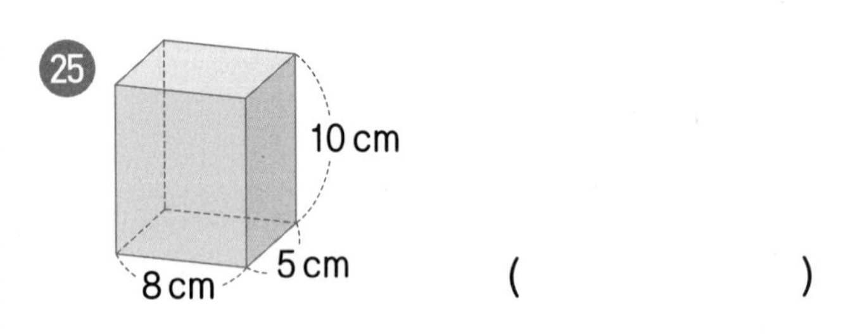

(　　　　　　　)

26
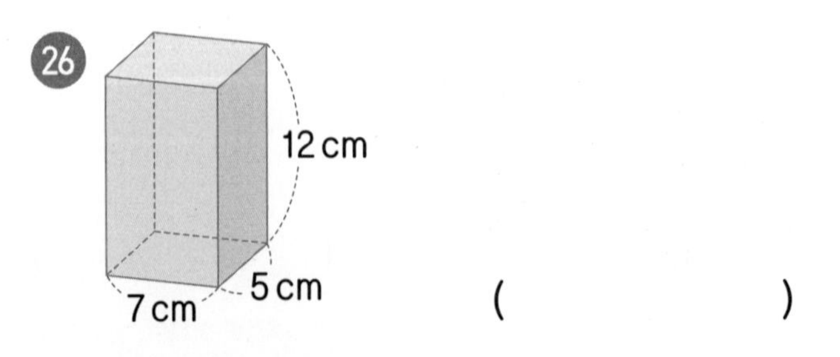

(　　　　　　　)

○ 전개도를 접었을 때 만들어지는 직육면체의 겉넓이는 몇 cm^2인지 구해 보세요.

27

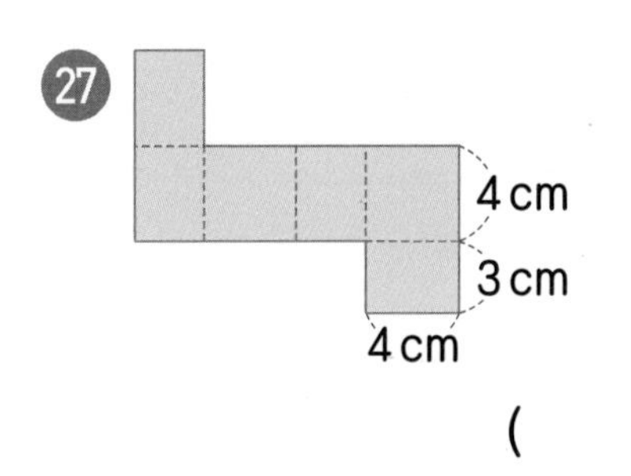

(　　　　　　　　)

28

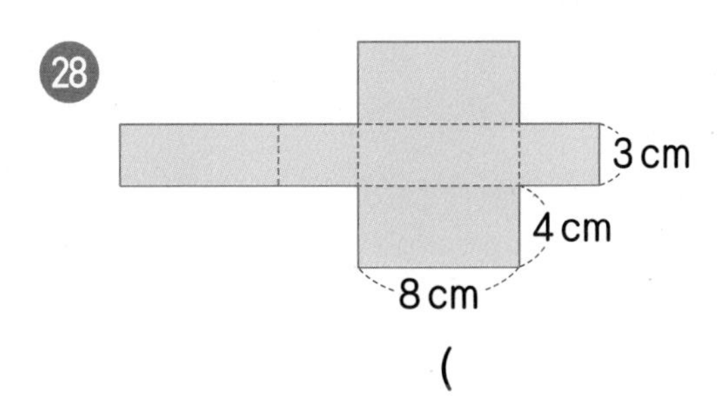

(　　　　　　　　)

29

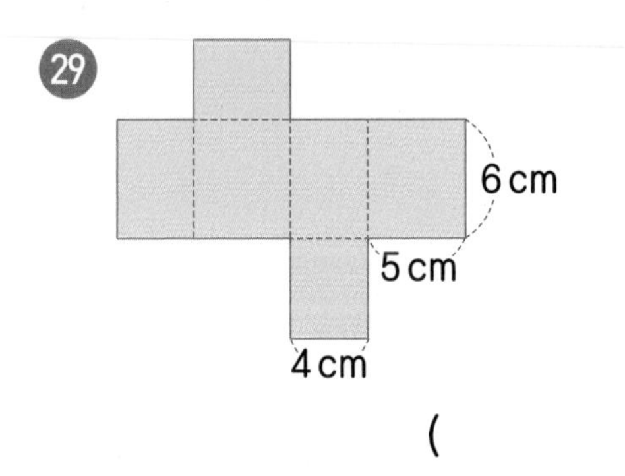

(　　　　　　　　)

30

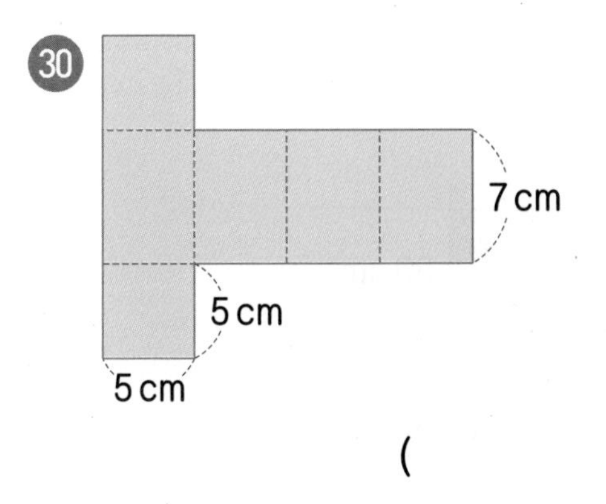

(　　　　　　　　)

31

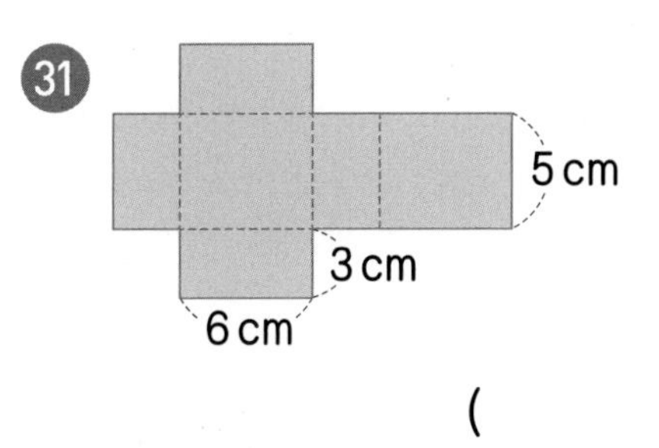

(　　　　　　　　)

32

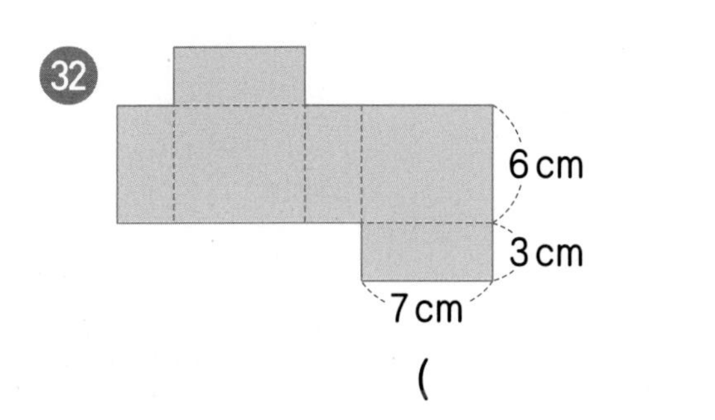

(　　　　　　　　)

33

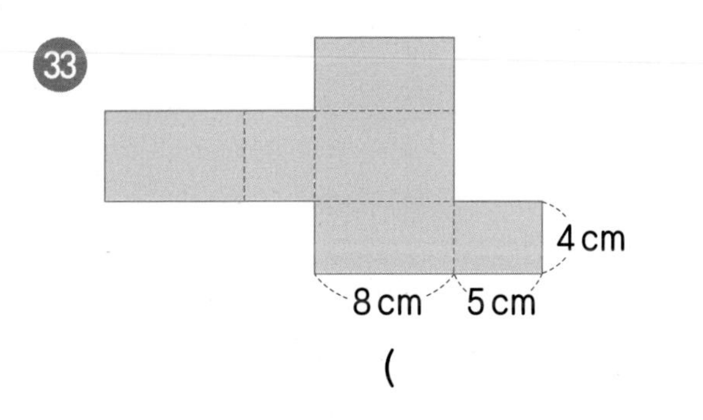

(　　　　　　　　)

34

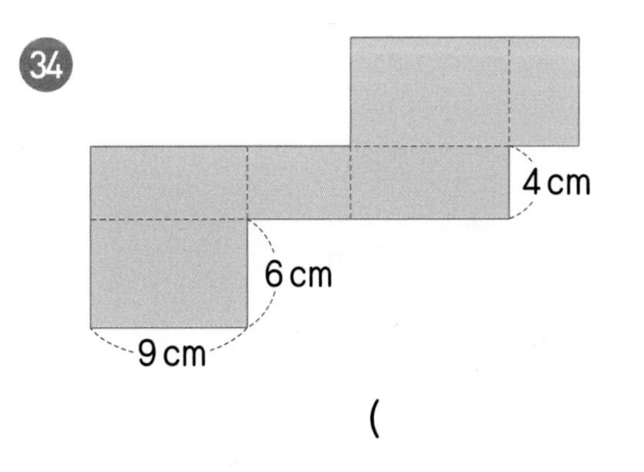

(　　　　　　　　)

38 정육면체의 겉넓이

(정육면체의 겉넓이)=(한 모서리의 길이)×(한 모서리의 길이)×6

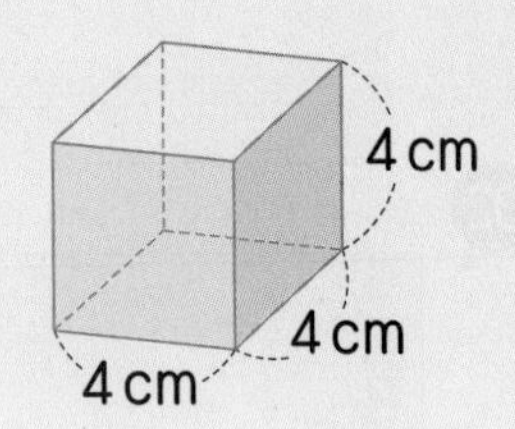

(정육면체의 겉넓이)
$=4\times4\times6$
$=96(cm^2)$

○ 정육면체의 겉넓이는 몇 cm^2인지 구해 보세요.

1 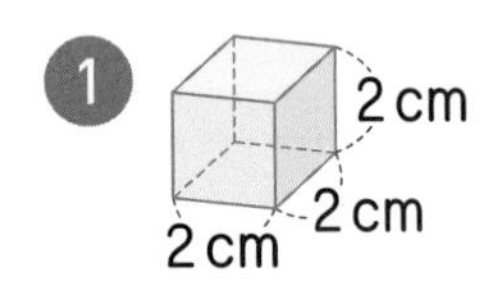

(　　　　)

4 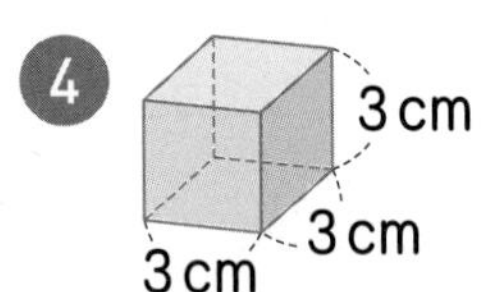

(　　　　)

2 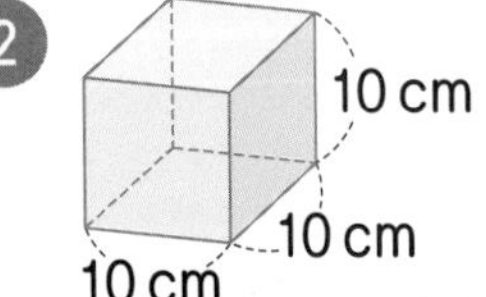

(　　　　)

5 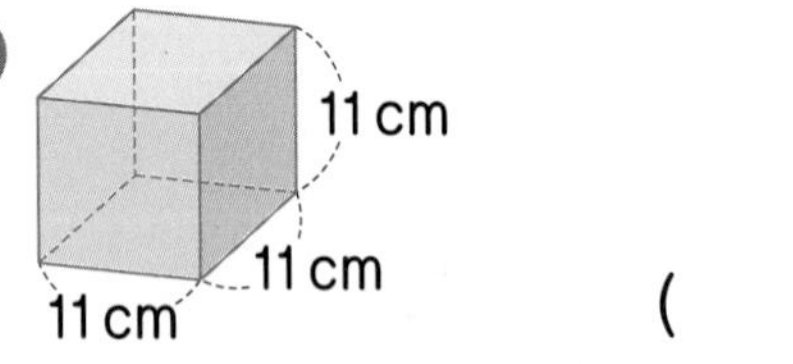

(　　　　)

3 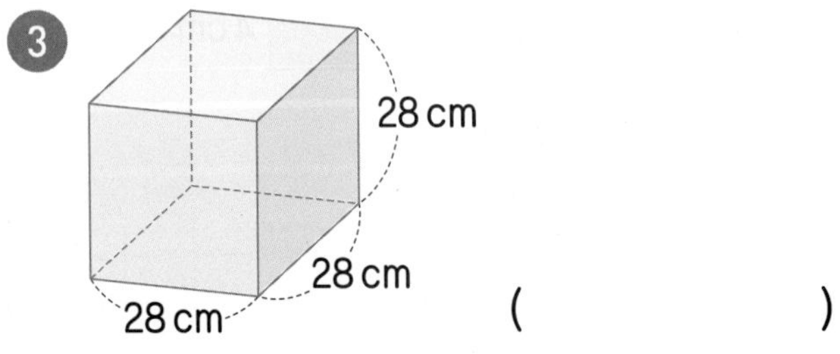

(　　　　)

6 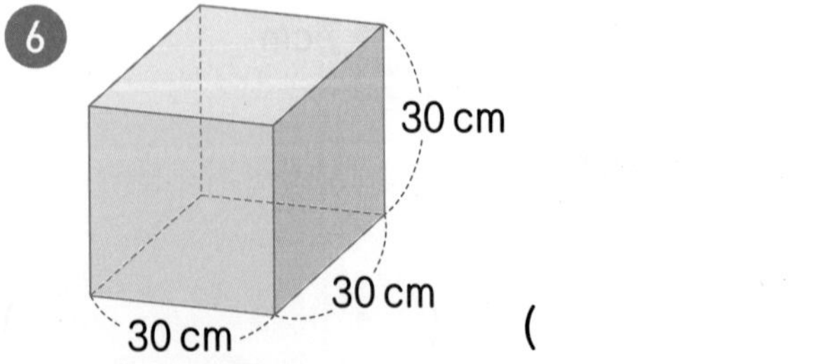

(　　　　)

7
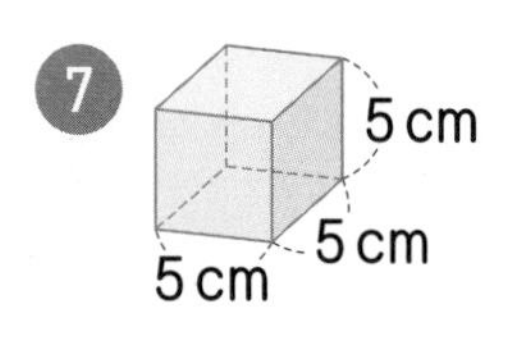

( )

8
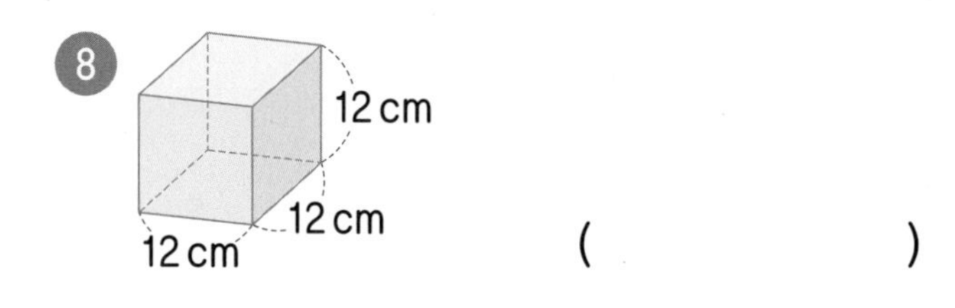

( )

9
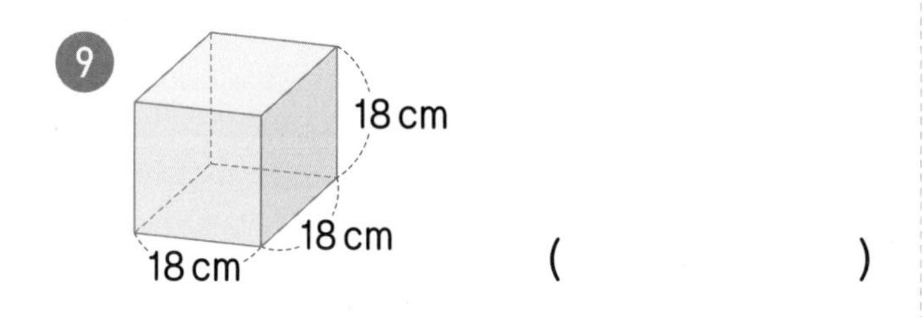

( )

10
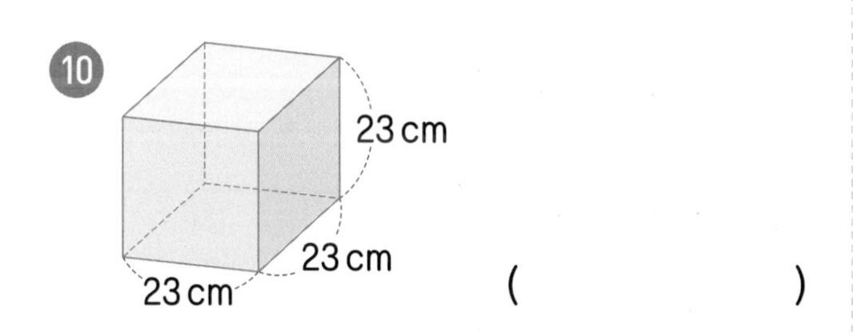

( )

11
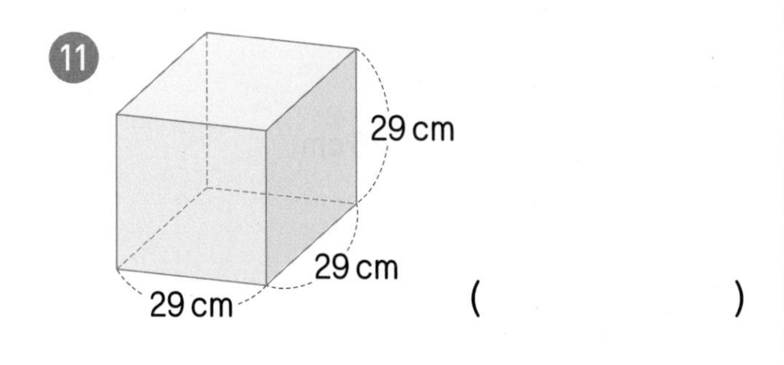

( )

12
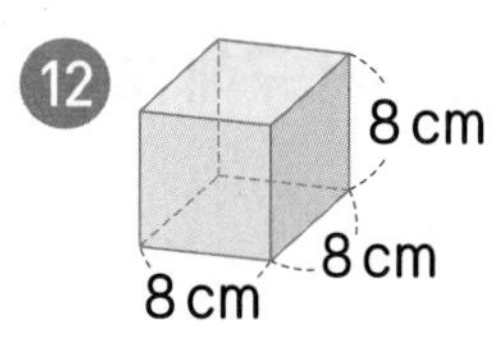

( )

13

13 cm

13 cm

13 cm

( )

14
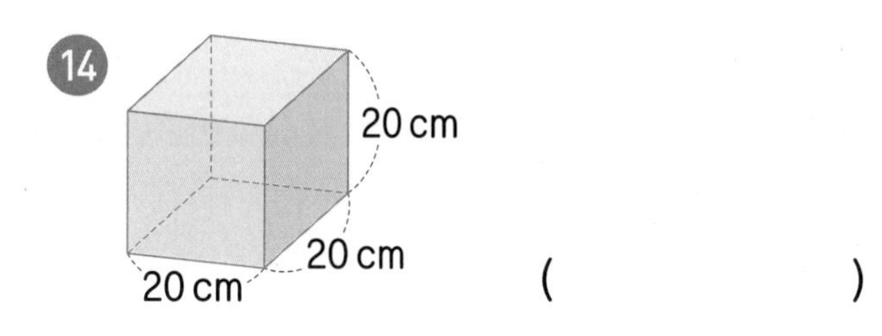

( )

15
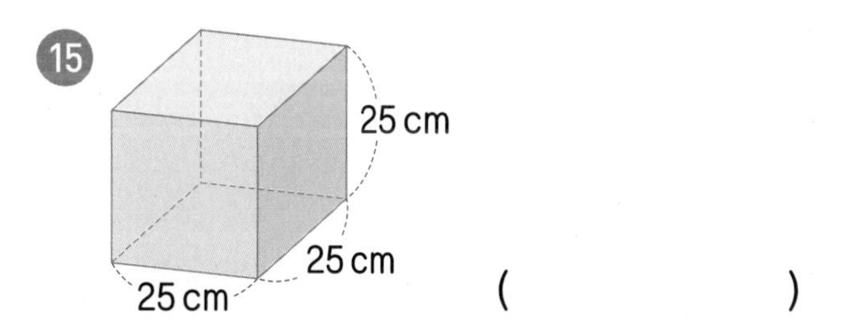

( )

16
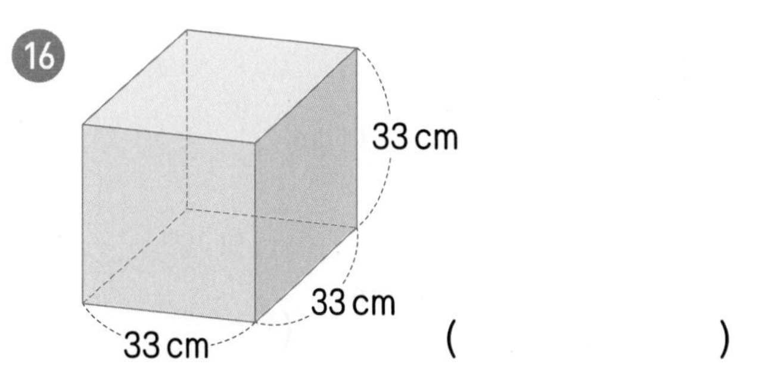

( )

● 정육면체의 겉넓이는 몇 cm^2인지 구해 보세요.

17
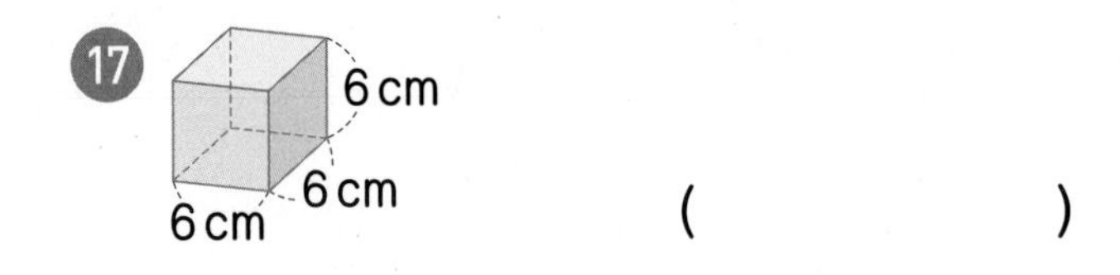

(　　　　　　)

18
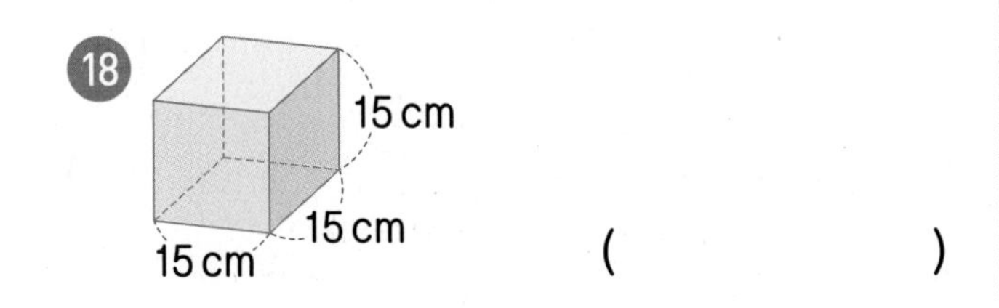

(　　　　　　)

19
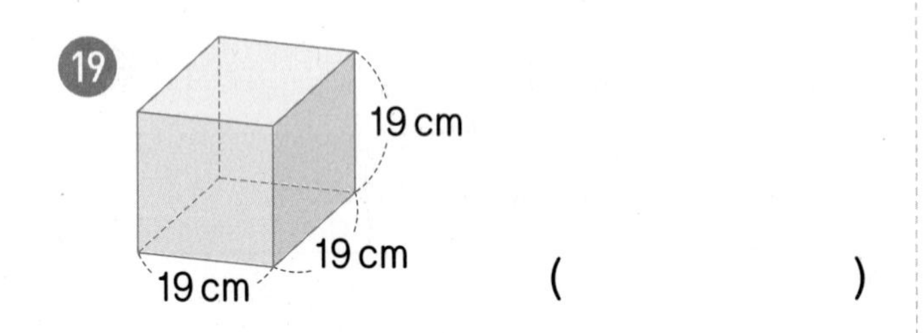

(　　　　　　)

20
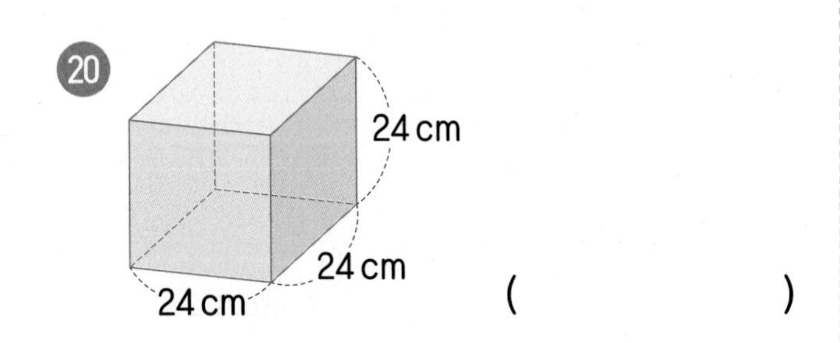

(　　　　　　)

21
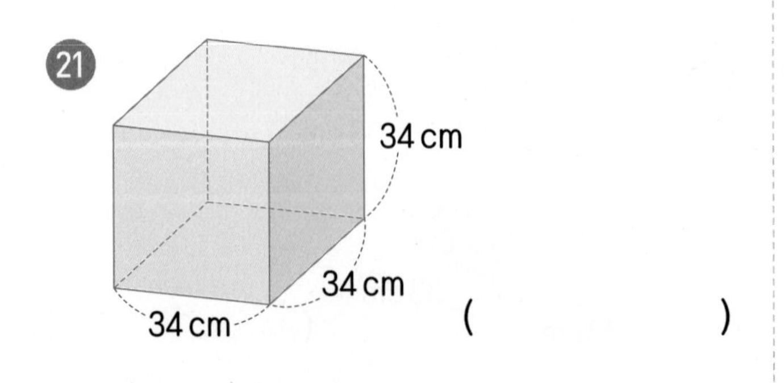

(　　　　　　)

22
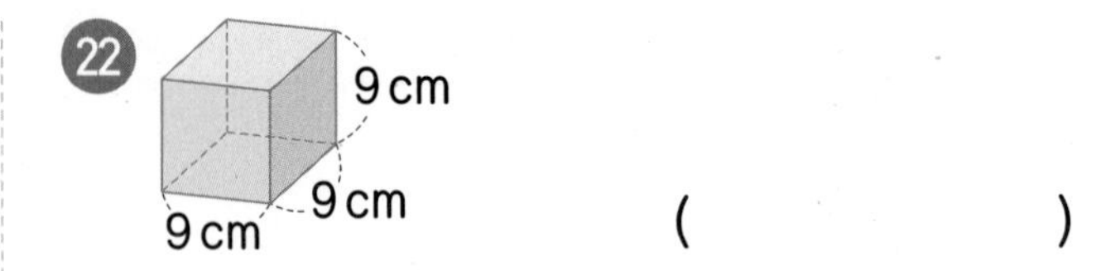

(　　　　　　)

23
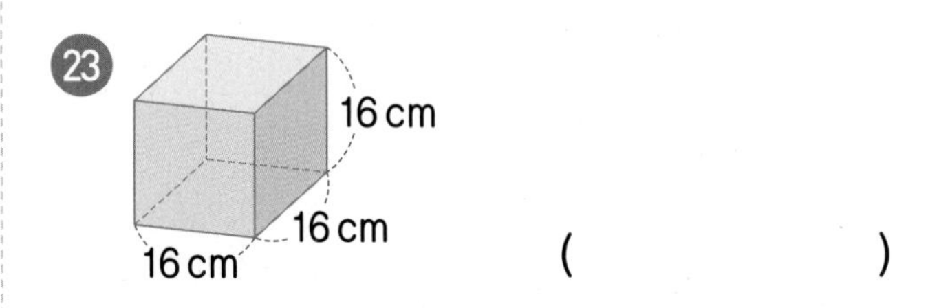

(　　　　　　)

24
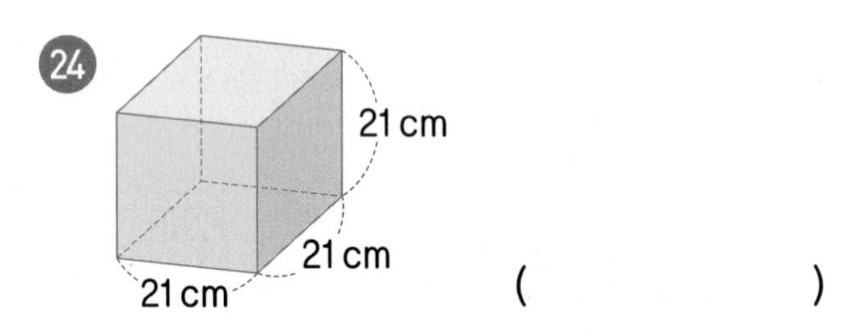

(　　　　　　)

25
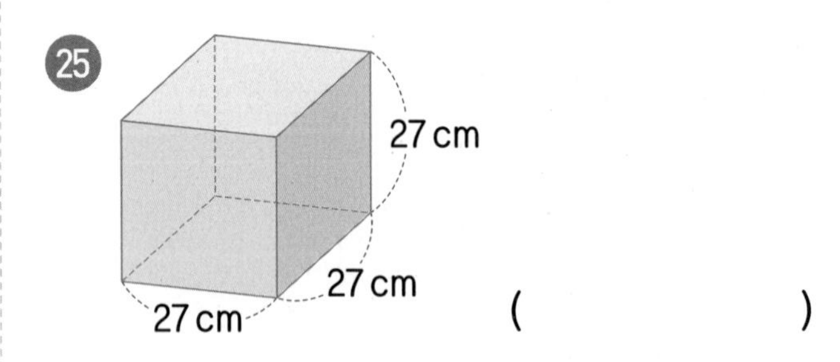

(　　　　　　)

26
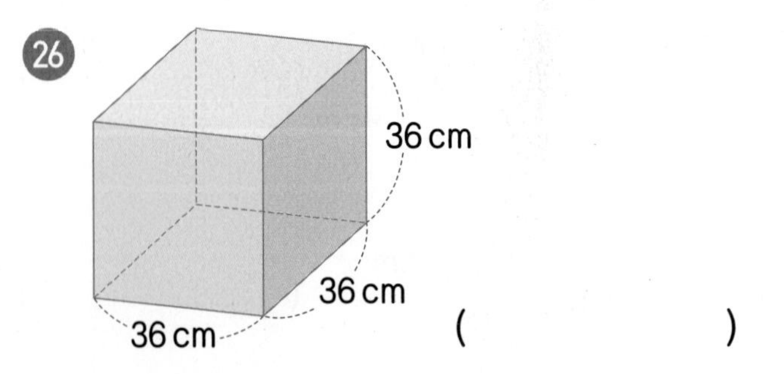

(　　　　　　)

◎ 전개도를 접었을 때 만들어지는 정육면체의 겉넓이는 몇 cm^2인지 구해 보세요.

27
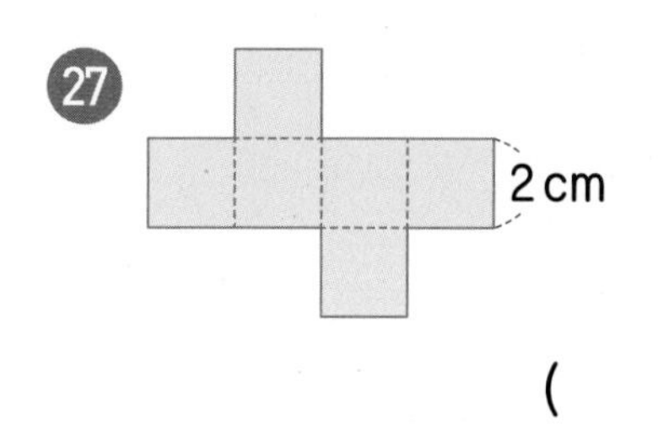

(　　　　　　　　)

28
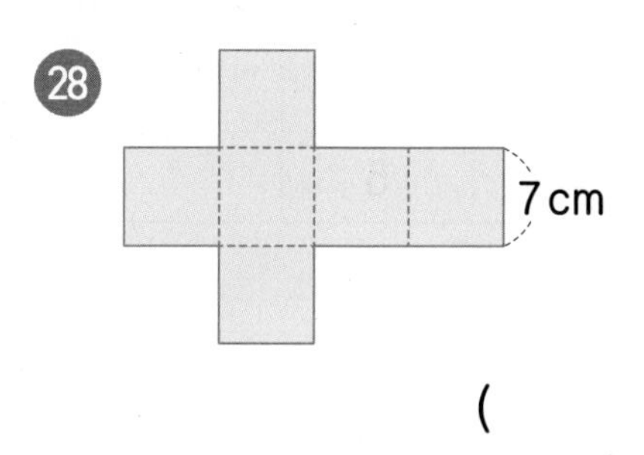

(　　　　　　　　)

29
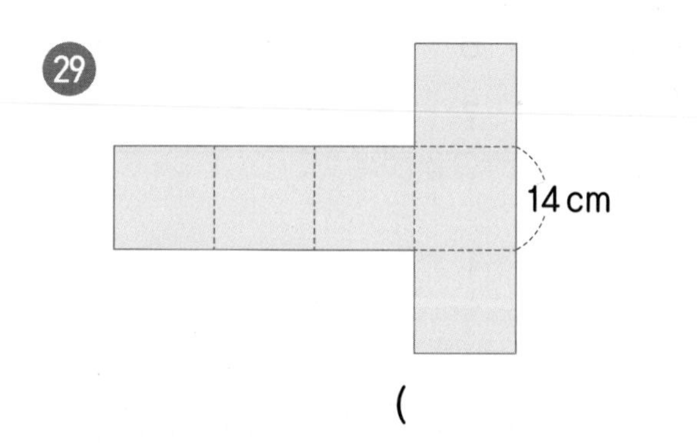

(　　　　　　　　)

30
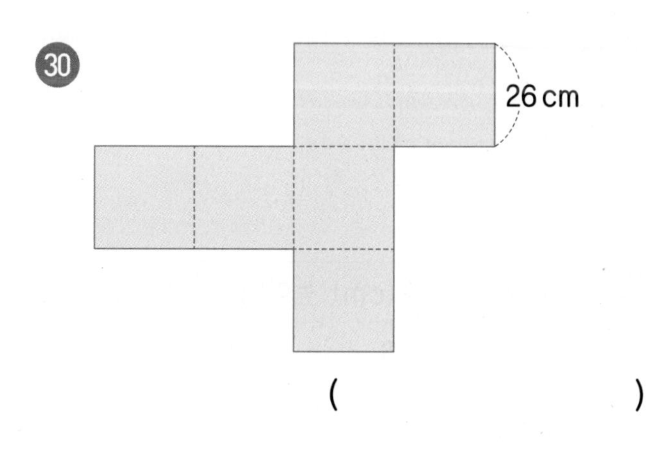

(　　　　　　　　)

31
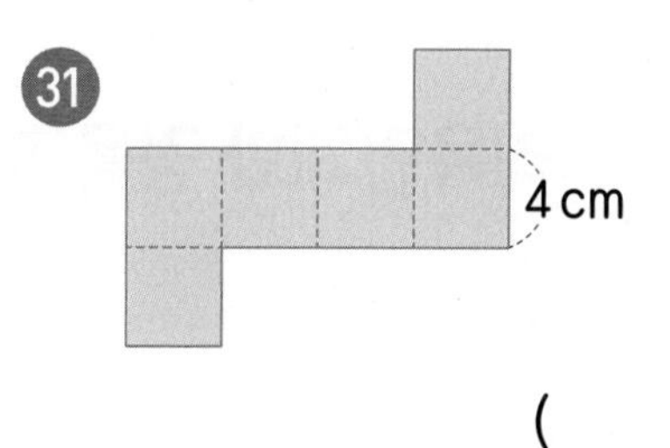

(　　　　　　　　)

32
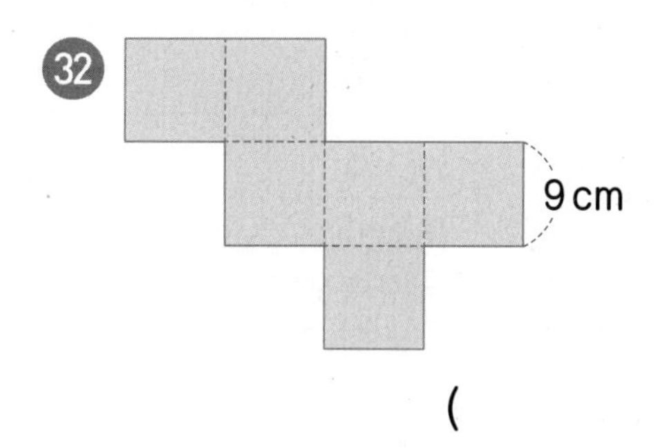

(　　　　　　　　)

33
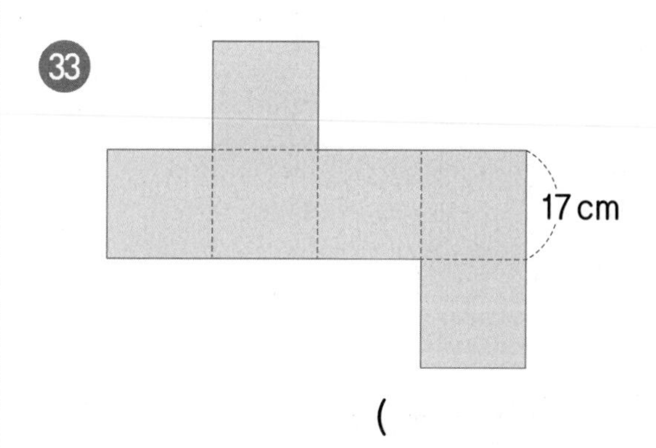

(　　　　　　　　)

34
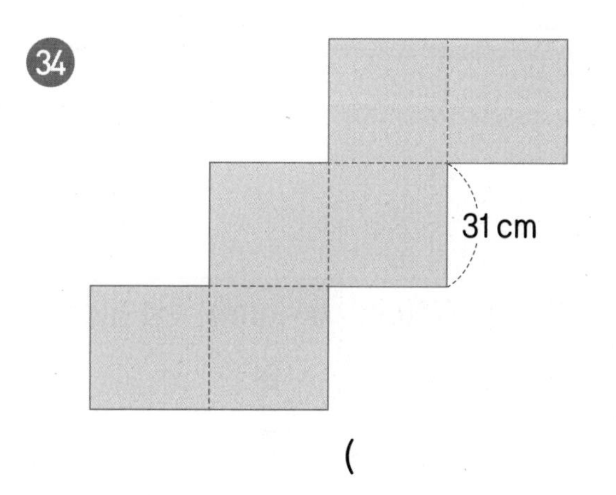

(　　　　　　　　)

계산 Plus+

직육면체와 정육면체의 겉넓이

○ 가로, 세로, 높이가 각각 다음과 같은 직육면체의 겉넓이는 몇 cm^2인지 구해 보세요.

①

가로(cm)	세로(cm)	높이(cm)	겉넓이(cm^2)
3	3	7	
4	6	3	

(직육면체의 겉넓이)
=(한 꼭짓점에서 만나는 세 면의 넓이의 합)×2를 계산해요.

②

가로(cm)	세로(cm)	높이(cm)	겉넓이(cm^2)
2	8	4	
3	9	3	

③

가로(cm)	세로(cm)	높이(cm)	겉넓이(cm^2)
3	5	6	
5	3	8	

④

가로(cm)	세로(cm)	높이(cm)	겉넓이(cm^2)
6	2	9	
8	3	7	

⑤

가로(cm)	세로(cm)	높이(cm)	겉넓이(cm^2)
6	8	4	
10	4	5	

⑥

가로(cm)	세로(cm)	높이(cm)	겉넓이(cm^2)
5	6	8	
4	7	9	

⑦

가로(cm)	세로(cm)	높이(cm)	겉넓이(cm^2)
9	4	9	
7	10	5	

⑧

가로(cm)	세로(cm)	높이(cm)	겉넓이(cm^2)
7	6	9	
5	11	7	

○ 한 모서리의 길이가 다음과 같은 정육면체의 겉넓이는 몇 cm^2인지 구해 보세요.

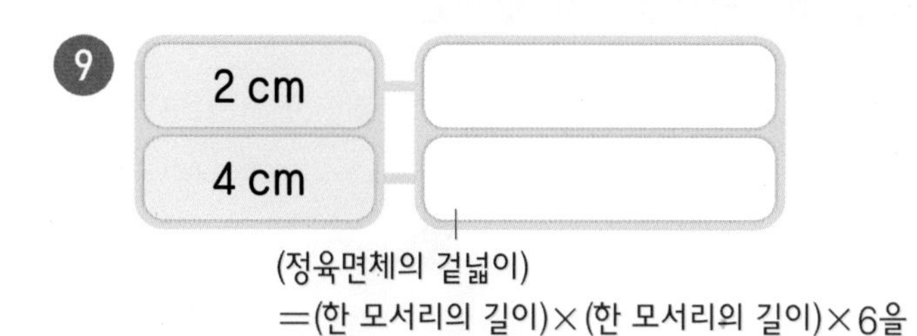

9
2 cm	
4 cm	

(정육면체의 겉넓이)
=(한 모서리의 길이)×(한 모서리의 길이)×6을 계산해요.

13
17 cm	
18 cm	

10
5 cm	
7 cm	

14
20 cm	
22 cm	

11
10 cm	
12 cm	

15
23 cm	
25 cm	

12
14 cm	
15 cm	

16
27 cm	
32 cm	

○ **친구들이 직육면체 모양의 선물을 준비했습니다.**
친구들이 준비한 선물 상자의 겉넓이와 관계있는 것을 찾아 선으로 이어 보세요.

내가 준비한 선물 상자의 겉넓이는 216 cm²야.
6 cm
4 cm
5 cm
내 선물 상자는 224 cm²야.
6 cm
6 cm
6 cm
내 선물 상자는 148 cm²야.
3 cm
8 cm
8 cm
난 겉넓이가 150 cm²인 선물 상자를 준비했어.
5 cm
5 cm
5 cm

◎ 친구들이 직육면체 모양의 상자를 집으로 가져가려고 합니다.
상자의 겉넓이는 몇 cm^2인지 선을 따라 내려가서 도착한 곳에 써넣으세요.

40 직육면체의 겉넓이 평가

| 공부한 날짜 월 일 |

◎ 직육면체의 겉넓이는 몇 cm^2인지 구해 보세요.

1
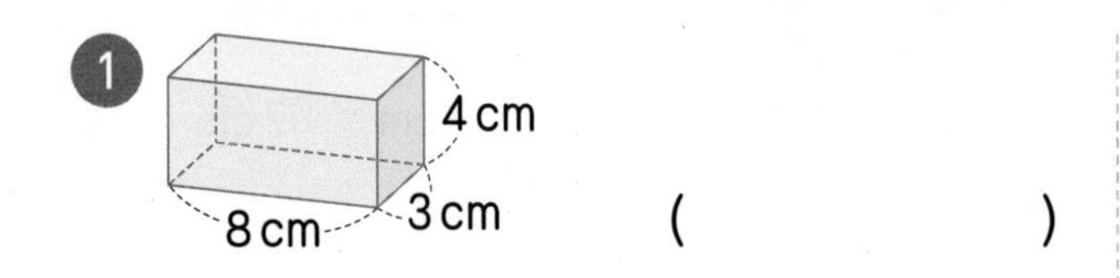

(　　　　　)

2
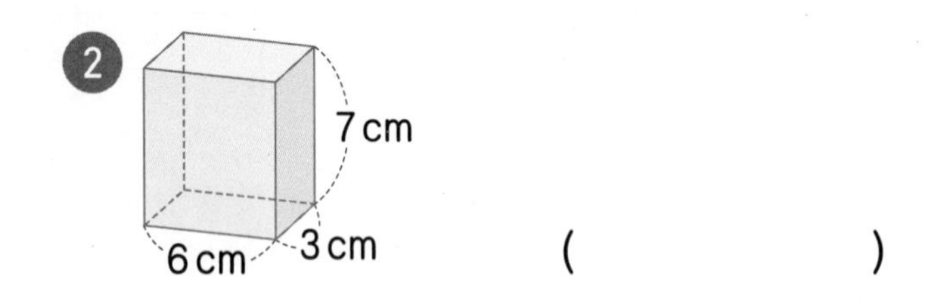

(　　　　　)

3
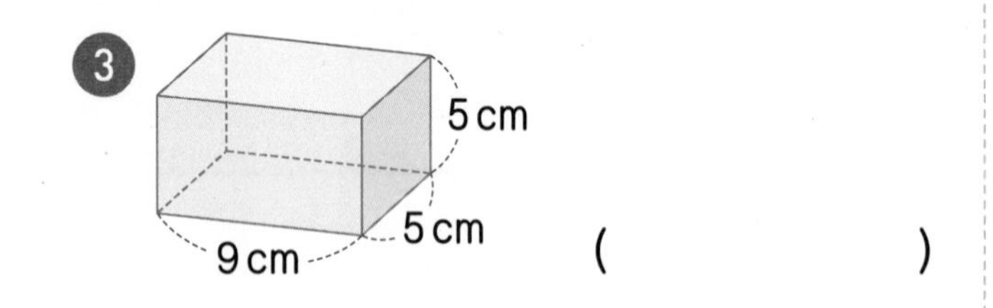

(　　　　　)

4
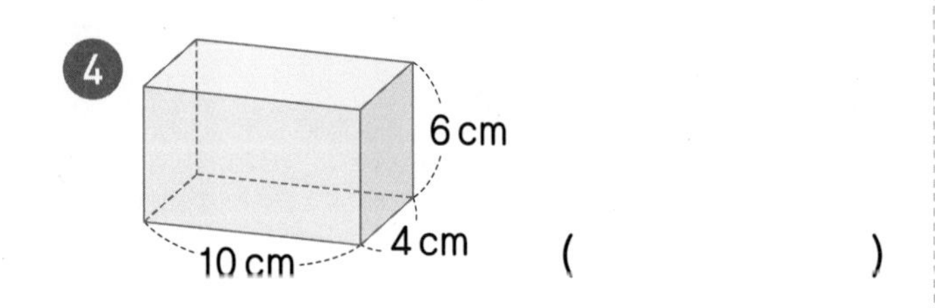

(　　　　　)

5
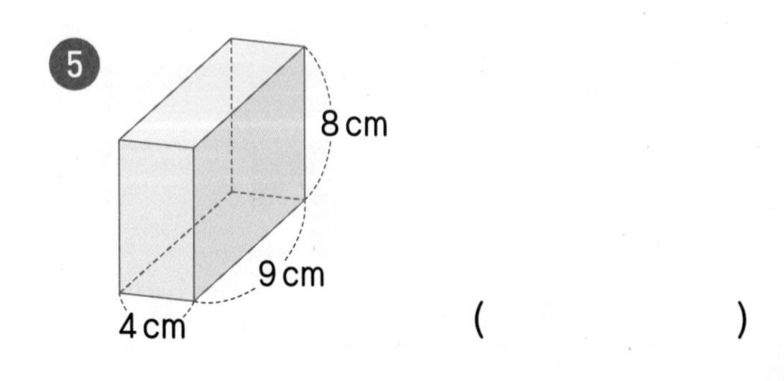

(　　　　　)

6
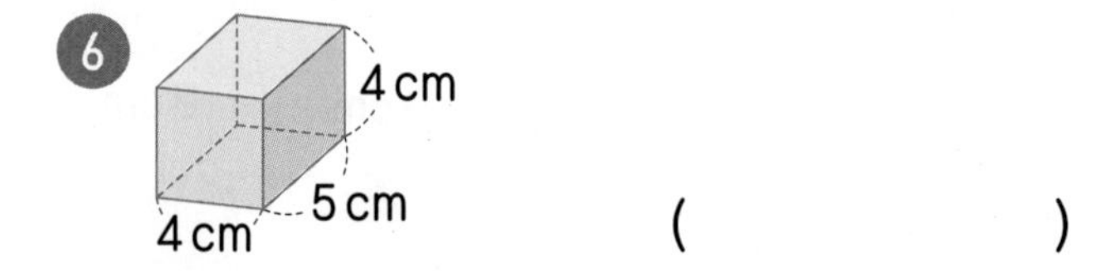

(　　　　　)

7
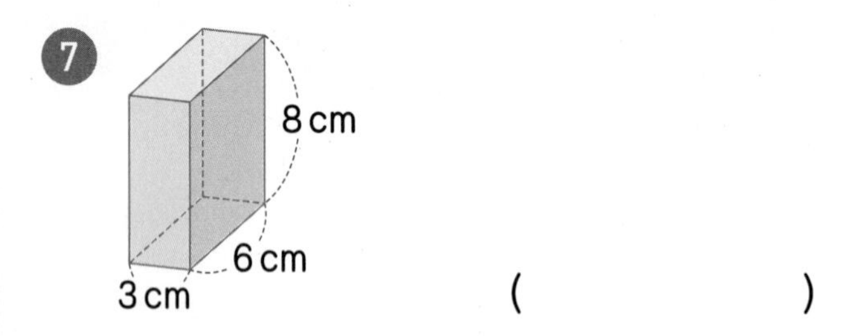

(　　　　　)

8
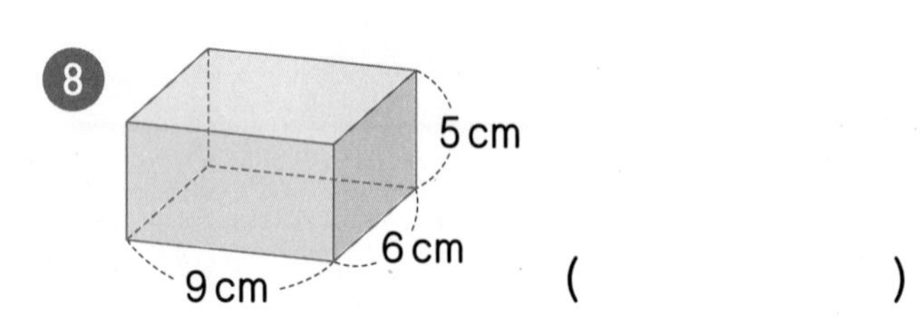

(　　　　　)

9
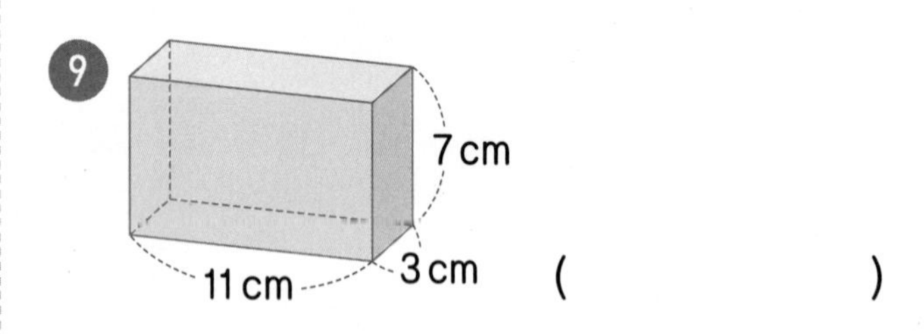

(　　　　　)

10
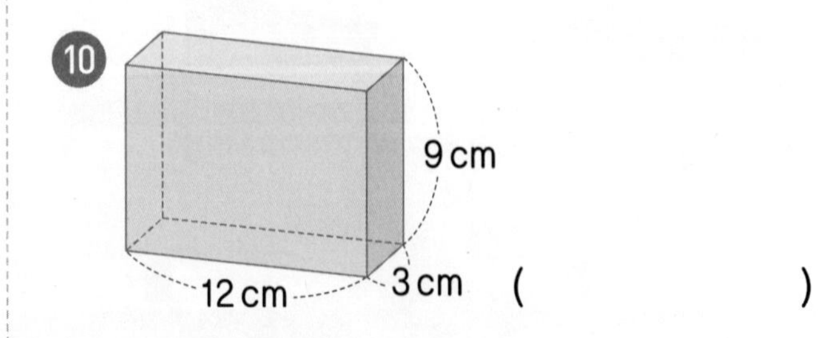

(　　　　　)

정육면체의 겉넓이는 몇 cm^2인지 구해 보세요.

11
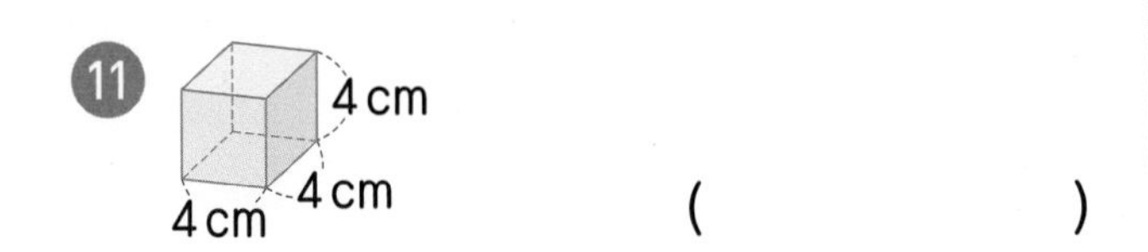

(　　　　　　)

12
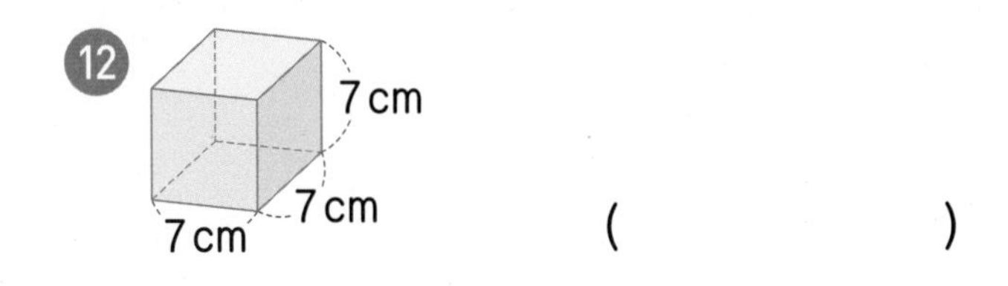

(　　　　　　)

13
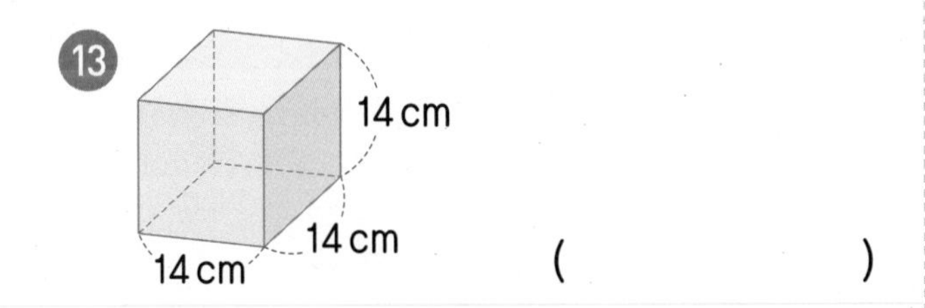

(　　　　　　)

14
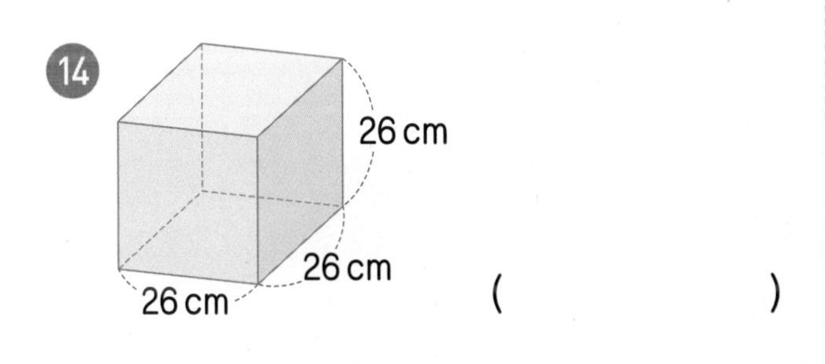

(　　　　　　)

15
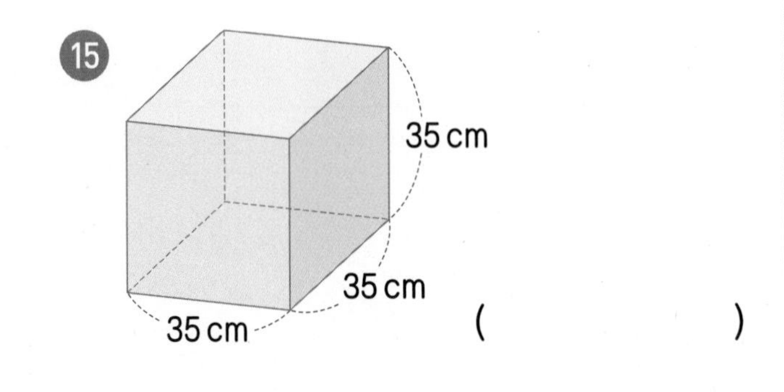

(　　　　　　)

전개도로 만들 수 있는 직육면체 또는 정육면체의 겉넓이는 몇 cm^2인지 구해 보세요.

16
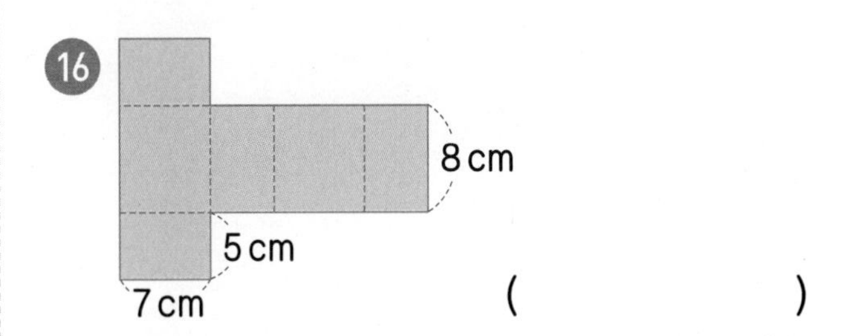

(　　　　　　)

17
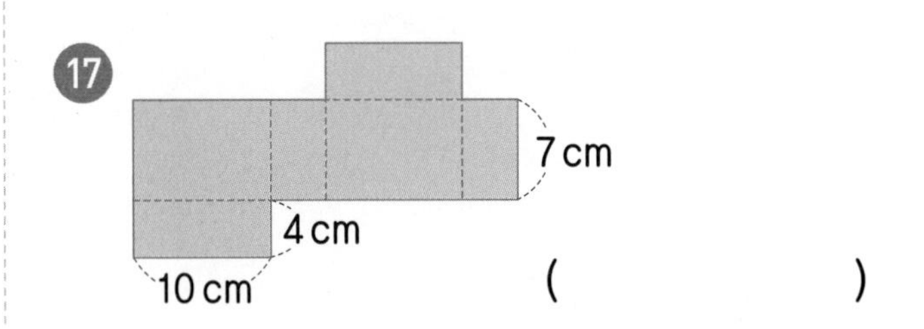

(　　　　　　)

18
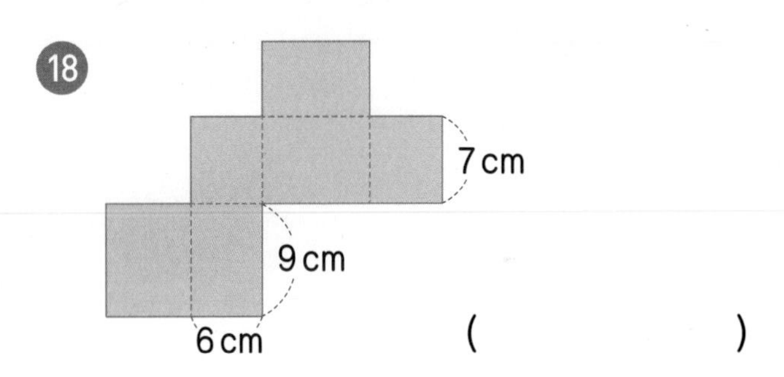

(　　　　　　)

19
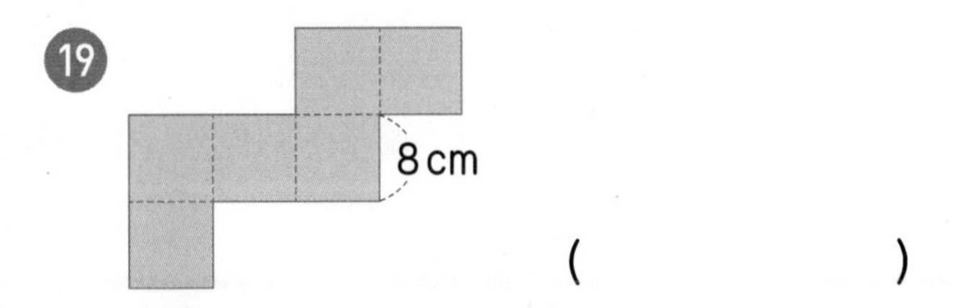

(　　　　　　)

20
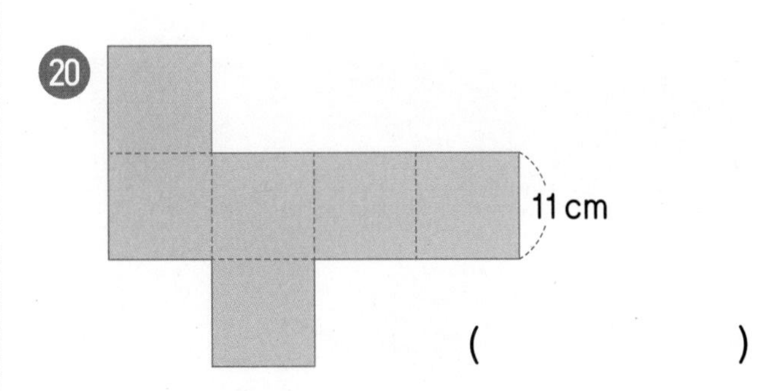

(　　　　　　)

실력평가

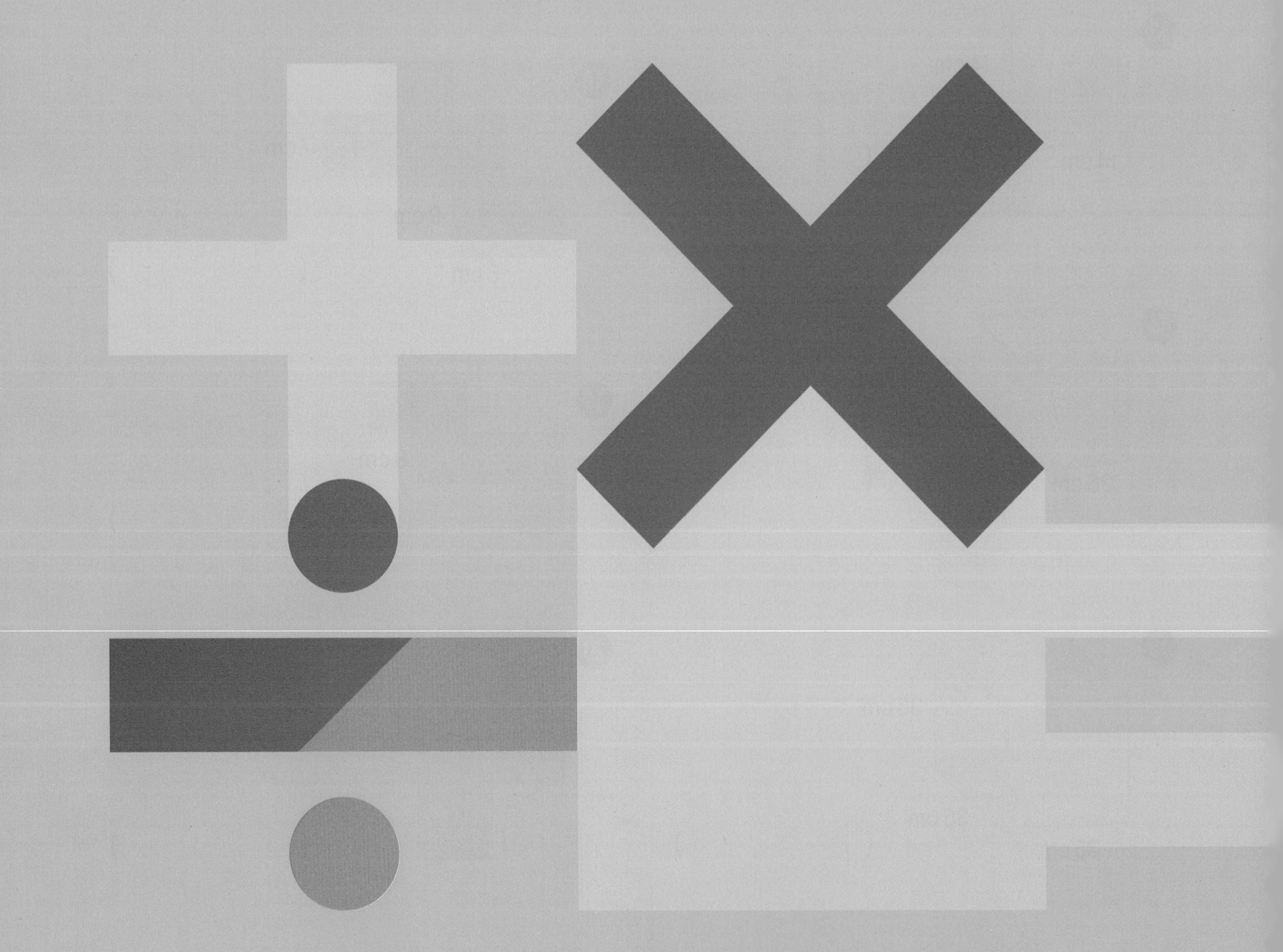

내 실력 확인을 위한 실력평가 3회 수록

실력 평가 1회

공부한 날짜 월 일

○ 계산을 하여 기약분수로 나타내어 보세요. [①~⑦]

① $4 \div 13 =$

② $\frac{8}{9} \div 2 =$

③ $\frac{2}{7} \div 3 =$

④ $\frac{12}{11} \div 3 =$

⑤ $\frac{27}{8} \div 6 =$

⑥ $1\frac{7}{8} \div 4 =$

⑦ $\frac{2}{5} \times 9 \div 8 =$

○ 계산해 보세요. [⑧~⑭]

⑧ $40.4 \div 2 =$

⑨ $20.3 \div 7 =$

⑩ $2.52 \div 7 =$

⑪ $3.44 \div 4 =$

⑫ $8.7 \div 5 =$

⑬ $16.48 \div 8 =$

⑭ $17 \div 5 =$

○ 비율을 분수로 나타내어 보세요. [⑮~⑯]

⑮ 4 : 5

⇨ ( )

⑯ 2 대 10

⇨ ( )

○ 비율을 백분율로 나타내어 보세요. [⑰~⑱]

⑰ 0.42

⇨ ( )

⑱ $\frac{7}{10}$

⇨ ( )

○ 백분율을 소수로 나타내어 보세요. [⑲~⑳]

⑲ 15 %

⇨ ( )

⑳ 36 %

⇨ ( )

○ 직육면체의 부피는 몇 cm^3인지 구해 보세요. [㉑~㉒]

㉑

9 cm
6 cm
3 cm

( )

㉒

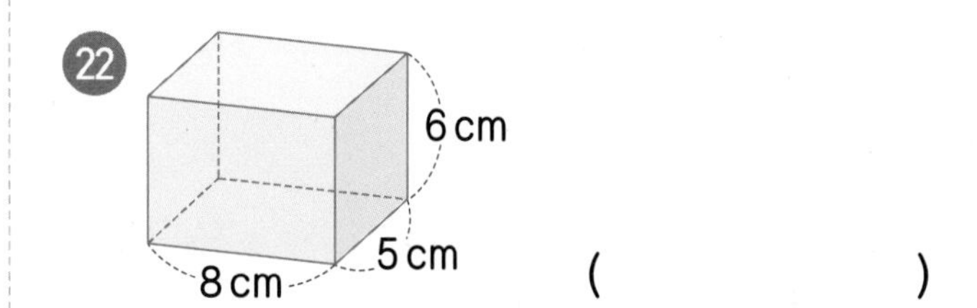

( )

○ 직육면체의 겉넓이는 몇 cm^2인지 구해 보세요. [㉓~㉕]

㉓

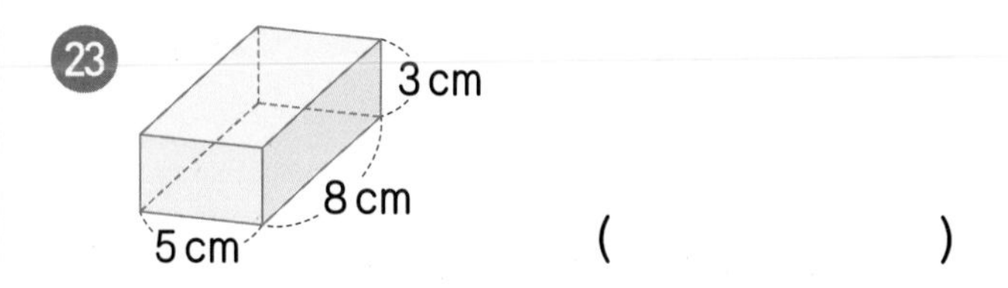

( )

㉔

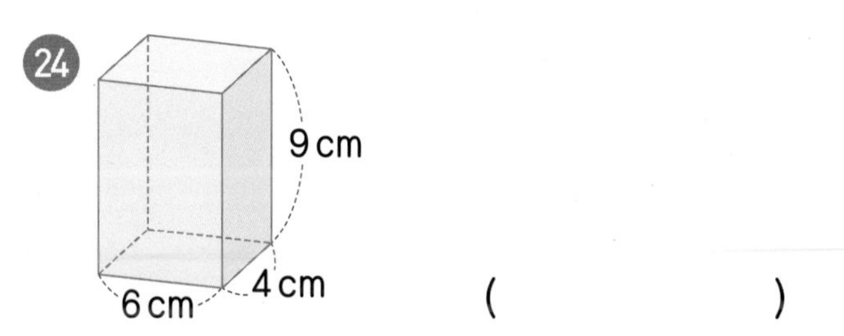

( )

㉕

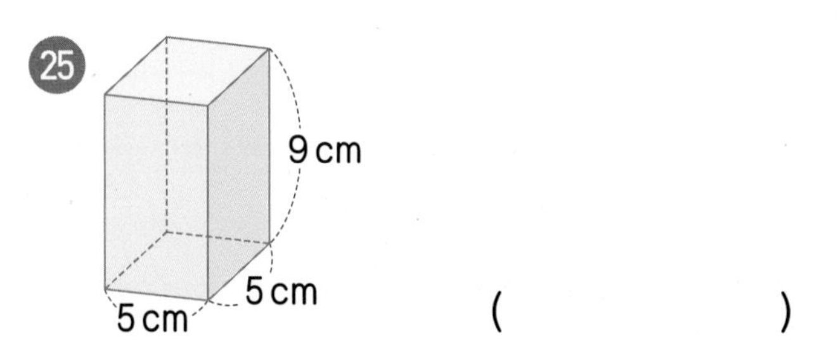

( )

공부한 날짜 월 일

○ 계산을 하여 기약분수로 나타내어 보세요. [❶~❼]

❶ $19 \div 17 =$

❷ $\frac{6}{13} \div 2 =$

❸ $\frac{5}{12} \div 4 =$

❹ $\frac{25}{14} \div 5 =$

❺ $\frac{24}{13} \div 9 =$

❻ $2\frac{2}{9} \div 5 =$

❼ $\frac{8}{9} \div 10 \times 12 =$

○ 계산해 보세요. [❽~⓮]

❽ $48.8 \div 4 =$

❾ $27.12 \div 6 =$

❿ $5.36 \div 8 =$

⓫ $9.3 \div 6 =$

⓬ $15.6 \div 5 =$

⓭ $18.81 \div 9 =$

⓮ $23 \div 4 =$

비율을 소수로 나타내어 보세요. [⑮~⑯]

⑮ 9와 10의 비

⇨ (　　　　　　　　)

⑯ 15에 대한 12의 비

⇨ (　　　　　　　　)

비율을 백분율로 나타내어 보세요. [⑰~⑱]

⑰ 0.56

⇨ (　　　　　　　　)

⑱ $\frac{3}{4}$

⇨ (　　　　　　　　)

백분율을 분수로 나타내어 보세요. [⑲~⑳]

⑲ 60 %

⇨ (　　　　　　　　)

⑳ 94 %

⇨ (　　　　　　　　)

정육면체의 부피는 몇 cm^3인지 구해 보세요. [㉑~㉒]

㉑

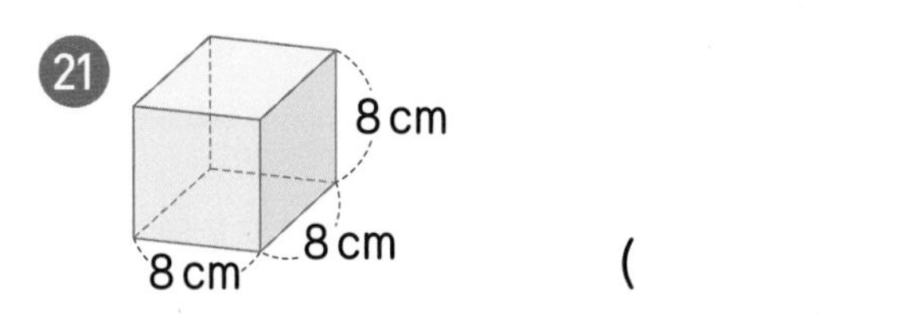

(　　　　　　　　)

㉒

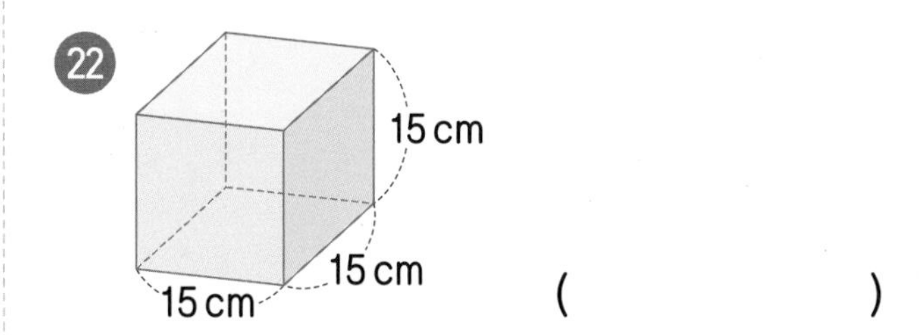

(　　　　　　　　)

정육면체의 겉넓이는 몇 cm^2인지 구해 보세요. [㉓~㉕]

㉓

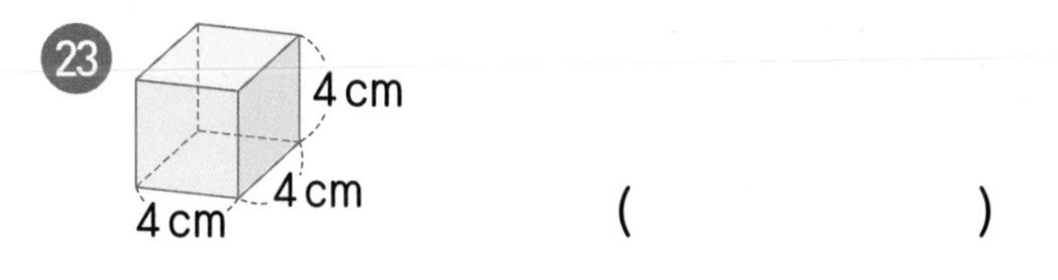

(　　　　　　　　)

㉔

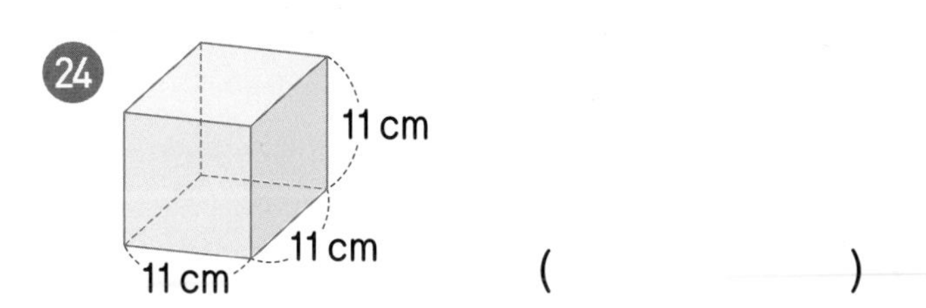

(　　　　　　　　)

㉕

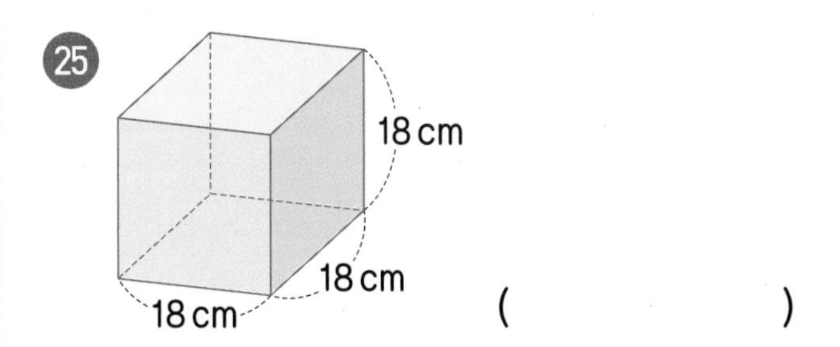

(　　　　　　　　)

실력 평가 3회

공부한 날짜 월 일

● 계산을 하여 기약분수로 나타내어 보세요. [1~7]

1 $20 \div 11 =$

2 $\frac{9}{14} \div 3 =$

3 $\frac{9}{13} \div 6 =$

4 $\frac{28}{15} \div 7 =$

5 $\frac{35}{11} \div 14 =$

6 $2\frac{5}{8} \div 3 =$

7 $\frac{8}{9} \div 6 \div 2 =$

● 계산해 보세요. [8~14]

8 $80.2 \div 2 =$

9 $29.68 \div 4 =$

10 $6.23 \div 7 =$

11 $26.7 \div 6 =$

12 $30.2 \div 5 =$

13 $42.3 \div 6 =$

14 $38 \div 8 =$

비율을 소수로 나타내어 보세요. [⑮~⑯]

⑮ 8에 대한 7의 비

⇨ (　　　　　　　　)

⑯ 18의 15에 대한 비

⇨ (　　　　　　　　)

비율을 백분율로 나타내어 보세요. [⑰~⑱]

⑰ 0.9

⇨ (　　　　　　　　)

⑱ $\frac{24}{20}$

⇨ (　　　　　　　　)

백분율을 분수로 나타내어 보세요. [⑲~⑳]

⑲ 84 %

⇨ (　　　　　　　　)

⑳ 120 %

⇨ (　　　　　　　　)

정육면체의 부피는 몇 m^3인지 구해 보세요. [㉑~㉒]

㉑

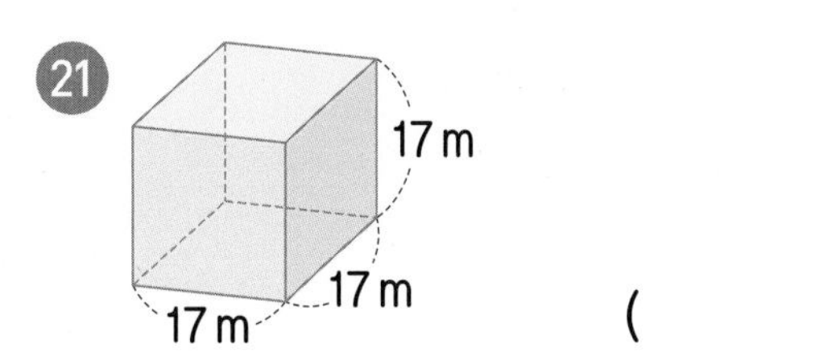

(　　　　　　　　)

㉒

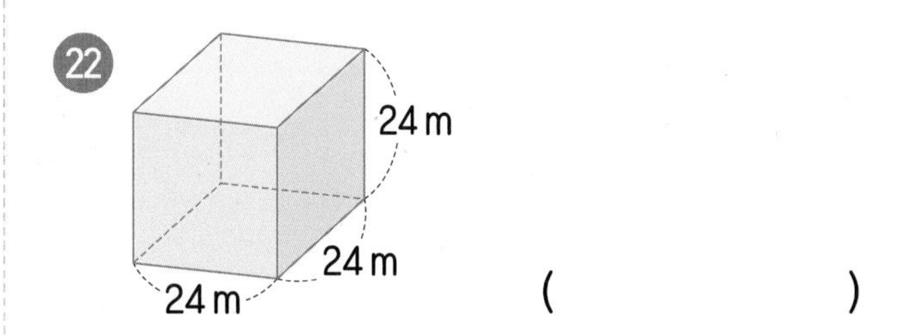

(　　　　　　　　)

직육면체의 겉넓이는 몇 cm^2인지 구해 보세요. [㉓~㉕]

㉓

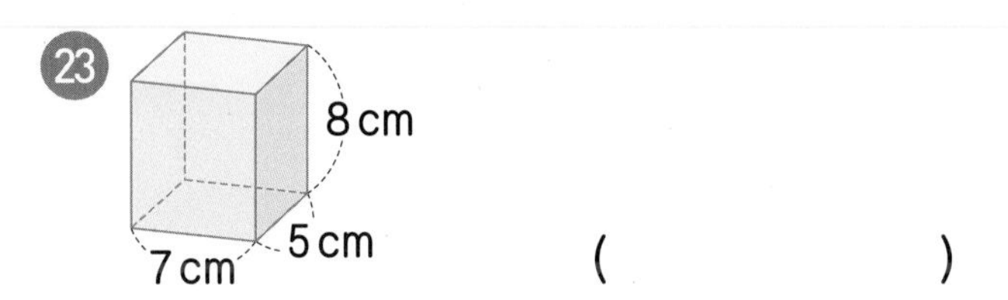

(　　　　　　　　)

㉔

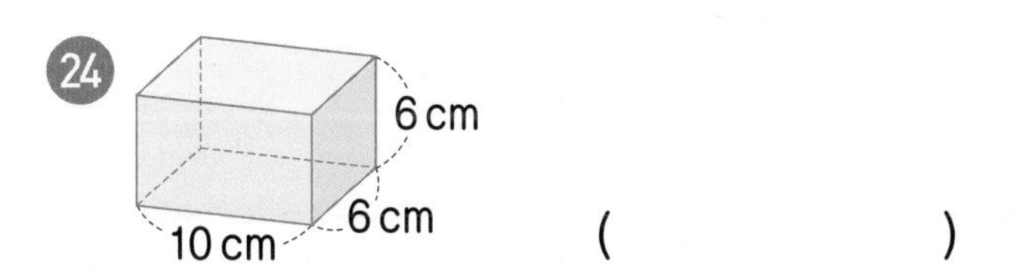

(　　　　　　　　)

㉕

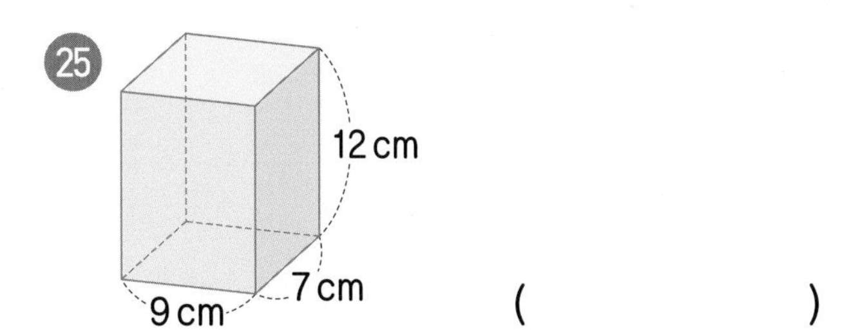

(　　　　　　　　)

memo

정답
QR 코드

wi 완자

공부력

정답

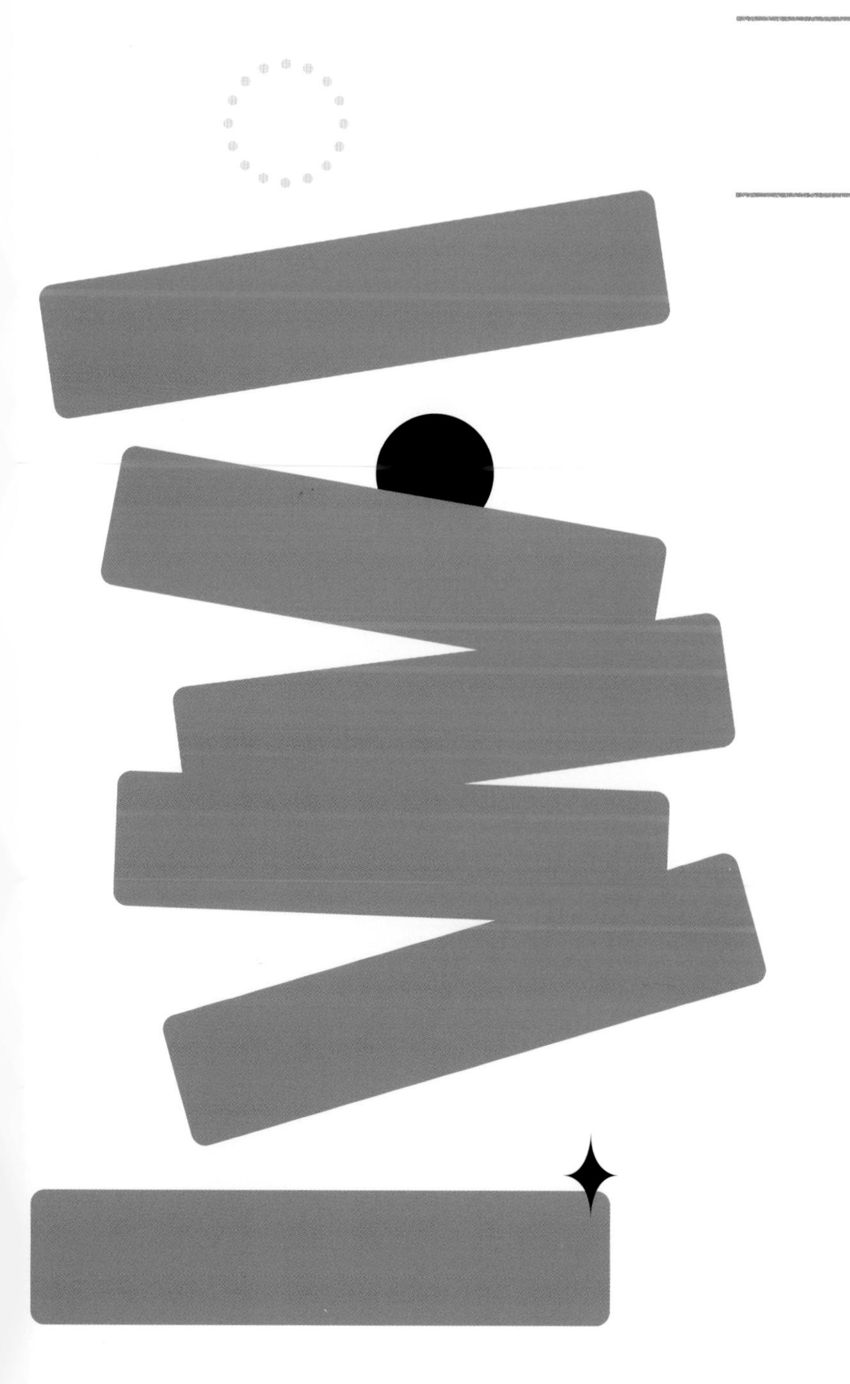

계산 ×

초등 수학

6A

6학년

책 속의 가접 별책 (특허 제 0557442호)
'정답'은 본책에서 쉽게 분리할 수 있도록 제작되었으므로
유통 과정에서 분리될 수 있으나 파본이 아닌 정상 제품입니다.

ABOVE IMAGINATION

우리는 남다른 상상과 혁신으로
교육 문화의 새로운 전형을 만들어
모든 이의 행복한 경험과 성장에 기여한다

완자

공부력

초등 수학 계산 6A

정답

wi 완자

공부력 가이드

완자 공부력 시리즈는
앞으로도 계속 출간될 예정입니다.

완자 공부력 시리즈로 공부 근육을 키워요!

매일 성장하는
초등 자기개발서
완자
공부력

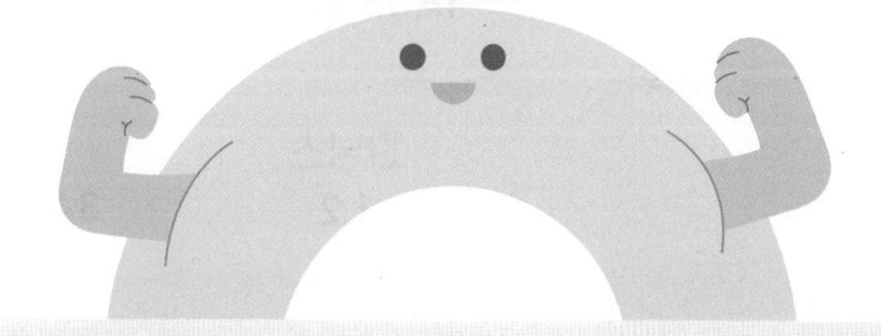

학습의 기초가 되는 읽기, 쓰기, 셈하기와 관련된 공부력을 키워야 여러 교과를 터득하기 쉬워집니다. 또한 어휘력과 독해력, 쓰기력, 계산력을 바탕으로 한 '공부력'은 자기주도 학습으로 상당한 단계까지 올라갈 수 있는 밑바탕이 되어 줍니다. 그래서 매일 꾸준한 학습이 가능한 '**완자 공부력 시리즈**'로 공부하면 **자기주도학습이 가능한 튼튼한 공부 근육**을 키울 수 있을 것이라 확신합니다.

효과적인 공부력 강화 계획을 세워요!

학년별 공부 계획

내 학년에 맞게 꾸준하게 공부 계획을 세워요!

		1-2학년	3-4학년	5-6학년
기본	독해	국어 독해 1A 1B 2A 2B	국어 독해 3A 3B 4A 4B	국어 독해 5A 5B 6A 6B
	계산	수학 계산 1A 1B 2A 2B	수학 계산 3A 3B 4A 4B	수학 계산 5A 5B 6A 6B
	어휘	전과목 어휘 1A 1B 2A 2B	전과목 어휘 3A 3B 4A 4B	전과목 어휘 5A 5B 6A 6B
		파닉스 1 2	영단어 3A 3B 4A 4B	영단어 5A 5B 6A 6B
확장	어휘	전과목 한자 어휘 1A 1B 2A 2B	전과목 한자 어휘 3A 3B 4A 4B	전과목 한자 어휘 5A 5B 6A 6B
	쓰기	맞춤법 바로 쓰기 1A 1B 2A 2B		
	독해		한국사 독해 인물편 1 2 3 4	
			한국사 독해 시대편 1 2 3 4	

시기별 공부 계획

학기 중에는 **기본**, 방학 중에는 **기본 + 확장**으로 공부 계획을 세워요!

방학 중			
학기 중			
기본			확장
독해	계산	어휘	어휘, 쓰기, 독해
국어 독해	수학 계산	전과목 어휘	전과목 한자 어휘
		파닉스(1~2학년) 영단어(3~6학년)	맞춤법 바로 쓰기(1~2학년) 한국사 독해(3~6학년)

예시 **초1 학기 중 공부 계획표** 주 5일 하루 3과목 (45분)

월	화	수	목	금
국어 독해	국어 독해	국어 독해	국어 독해	국어 독해
수학 계산	수학 계산	수학 계산	수학 계산	수학 계산
전과목 어휘	파닉스	전과목 어휘	전과목 어휘	파닉스

예시 **초4 방학 중 공부 계획표** 주 5일 하루 4과목 (60분)

월	화	수	목	금
국어 독해	국어 독해	국어 독해	국어 독해	국어 독해
수학 계산	수학 계산	수학 계산	수학 계산	수학 계산
전과목 어휘	영단어	전과목 어휘	전과목 어휘	영단어
한국사 독해 인물편	전과목 한자 어휘	한국사 독해 인물편	전과목 한자 어휘	한국사 독해 인물편

01 (자연수)÷(자연수)의 몫을 분수로 나타내기

10쪽

❗계산 결과를 대분수로 나타내지 않아도 정답으로 인정합니다.

① $\frac{1}{2}$ ② $\frac{1}{3}$ ③ $\frac{1}{8}$ ④ $\frac{2}{3}$
⑤ $\frac{2}{9}$ ⑥ $1\frac{1}{2}$ ⑦ $\frac{3}{4}$ ⑧ $\frac{3}{7}$
⑨ $\frac{3}{10}$ ⑩ $1\frac{1}{3}$ ⑪ $\frac{4}{9}$ ⑫ $\frac{5}{6}$

11쪽

⑬ $\frac{5}{8}$ ⑭ $\frac{5}{12}$ ⑮ $1\frac{1}{5}$ ⑯ $\frac{6}{13}$ ⑰ $1\frac{3}{4}$ ⑱ $\frac{7}{9}$ ⑲ $2\frac{2}{3}$
⑳ $1\frac{3}{5}$ ㉑ $\frac{8}{11}$ ㉒ $2\frac{1}{4}$ ㉓ $\frac{9}{13}$ ㉔ $1\frac{3}{7}$ ㉕ $1\frac{1}{9}$ ㉖ $1\frac{5}{6}$
㉗ $\frac{12}{13}$ ㉘ $1\frac{5}{8}$ ㉙ $4\frac{2}{3}$ ㉚ $\frac{15}{17}$ ㉛ $1\frac{5}{11}$ ㉜ $8\frac{1}{2}$ ㉝ $1\frac{9}{10}$

12쪽

㉞ $\frac{1}{4}$ ㉟ $\frac{1}{6}$ ㊱ $\frac{2}{5}$ ㊲ $\frac{2}{7}$ ㊳ $\frac{3}{8}$ ㊴ $\frac{4}{5}$ ㊵ $\frac{4}{15}$
㊶ $2\frac{1}{2}$ ㊷ $\frac{6}{11}$ ㊸ $2\frac{1}{3}$ ㊹ $\frac{7}{12}$ ㊺ $\frac{8}{9}$ ㊻ $\frac{8}{13}$ ㊼ $1\frac{2}{7}$
㊽ $\frac{9}{16}$ ㊾ $3\frac{1}{3}$ ㊿ $\frac{10}{13}$ 51 $2\frac{3}{4}$ 52 $1\frac{3}{8}$ 53 $1\frac{1}{11}$ 54 $\frac{12}{17}$

13쪽

55 $3\frac{1}{4}$ 56 $\frac{13}{16}$ 57 $2\frac{4}{5}$ 58 $1\frac{5}{9}$ 59 $1\frac{7}{8}$ 60 $\frac{15}{19}$ 61 $\frac{15}{22}$
62 $5\frac{1}{3}$ 63 $2\frac{2}{7}$ 64 $\frac{16}{21}$ 65 $2\frac{5}{6}$ 66 $1\frac{8}{9}$ 67 $\frac{17}{20}$ 68 $1\frac{7}{11}$
69 $\frac{18}{25}$ 70 $9\frac{1}{2}$ 71 $2\frac{6}{7}$ 72 $7\frac{1}{3}$ 73 $\frac{23}{26}$ 74 $6\frac{1}{4}$ 75 $5\frac{3}{5}$

02 분자가 자연수의 배수인 (진분수) ÷ (자연수)

14쪽

1 $\frac{1}{3}$
2 $\frac{1}{4}$
3 $\frac{1}{5}$
4 $\frac{1}{5}$
5 $\frac{1}{6}$
6 $\frac{2}{7}$
7 $\frac{2}{7}$
8 $\frac{1}{8}$
9 $\frac{1}{8}$
10 $\frac{1}{3}$
11 $\frac{2}{9}$
12 $\frac{1}{10}$

15쪽

13 $\frac{3}{10}$
14 $\frac{3}{11}$
15 $\frac{4}{11}$
16 $\frac{2}{11}$
17 $\frac{1}{12}$
18 $\frac{1}{12}$
19 $\frac{2}{13}$
20 $\frac{5}{13}$
21 $\frac{4}{13}$
22 $\frac{1}{14}$
23 $\frac{1}{14}$
24 $\frac{4}{15}$
25 $\frac{7}{15}$
26 $\frac{1}{8}$
27 $\frac{3}{16}$
28 $\frac{2}{17}$
29 $\frac{2}{17}$
30 $\frac{1}{18}$
31 $\frac{5}{18}$
32 $\frac{2}{19}$
33 $\frac{1}{10}$

16쪽

34 $\frac{1}{5}$
35 $\frac{3}{7}$
36 $\frac{1}{4}$
37 $\frac{1}{8}$
38 $\frac{1}{9}$
39 $\frac{4}{9}$
40 $\frac{1}{10}$
41 $\frac{2}{11}$
42 $\frac{2}{11}$
43 $\frac{3}{11}$
44 $\frac{1}{6}$
45 $\frac{5}{12}$
46 $\frac{3}{13}$
47 $\frac{2}{13}$
48 $\frac{6}{13}$
49 $\frac{1}{14}$
50 $\frac{3}{14}$
51 $\frac{1}{14}$
52 $\frac{1}{15}$
53 $\frac{2}{15}$
54 $\frac{2}{15}$

17쪽

55 $\frac{3}{16}$
56 $\frac{1}{16}$
57 $\frac{5}{16}$
58 $\frac{2}{17}$
59 $\frac{2}{17}$
60 $\frac{4}{17}$
61 $\frac{7}{17}$
62 $\frac{1}{18}$
63 $\frac{1}{6}$
64 $\frac{4}{19}$
65 $\frac{2}{19}$
66 $\frac{2}{19}$
67 $\frac{3}{20}$
68 $\frac{1}{20}$
69 $\frac{3}{20}$
70 $\frac{4}{21}$
71 $\frac{1}{7}$
72 $\frac{5}{22}$
73 $\frac{6}{23}$
74 $\frac{3}{23}$
75 $\frac{3}{25}$

03 분자가 자연수의 배수가 아닌 (진분수) ÷ (자연수)

18쪽

❶ $\frac{1}{6}$ ❷ $\frac{1}{6}$ ❸ $\frac{1}{6}$ ❹ $\frac{1}{8}$

❺ $\frac{3}{20}$ ❻ $\frac{2}{15}$ ❼ $\frac{1}{10}$ ❽ $\frac{5}{12}$

❾ $\frac{1}{12}$ ❿ $\frac{1}{14}$ ⓫ $\frac{3}{56}$ ⓬ $\frac{5}{21}$

19쪽

⓭ $\frac{3}{32}$ ⓮ $\frac{5}{48}$ ⓯ $\frac{7}{40}$ ⓰ $\frac{1}{36}$ ⓱ $\frac{2}{27}$ ⓲ $\frac{7}{18}$ ⓳ $\frac{1}{30}$

⓴ $\frac{1}{20}$ ㉑ $\frac{1}{22}$ ㉒ $\frac{3}{22}$ ㉓ $\frac{4}{33}$ ㉔ $\frac{5}{36}$ ㉕ $\frac{7}{60}$ ㉖ $\frac{1}{39}$

㉗ $\frac{2}{65}$ ㉘ $\frac{2}{39}$ ㉙ $\frac{1}{28}$ ㉚ $\frac{9}{70}$ ㉛ $\frac{1}{30}$ ㉜ $\frac{1}{45}$ ㉝ $\frac{7}{30}$

20쪽

㉞ $\frac{1}{8}$ ㉟ $\frac{1}{12}$ ㊱ $\frac{2}{15}$ ㊲ $\frac{1}{12}$ ㊳ $\frac{1}{8}$ ㊴ $\frac{1}{20}$ ㊵ $\frac{3}{20}$

㊶ $\frac{1}{15}$ ㊷ $\frac{1}{18}$ ㊸ $\frac{3}{35}$ ㊹ $\frac{1}{21}$ ㊺ $\frac{3}{14}$ ㊻ $\frac{3}{16}$ ㊼ $\frac{5}{56}$

㊽ $\frac{7}{16}$ ㊾ $\frac{1}{36}$ ㊿ $\frac{5}{54}$ 51 $\frac{1}{18}$ 52 $\frac{1}{40}$ 53 $\frac{7}{30}$ 54 $\frac{1}{20}$

21쪽

55 $\frac{4}{33}$ 56 $\frac{1}{22}$ 57 $\frac{2}{33}$ 58 $\frac{5}{48}$ 59 $\frac{2}{39}$ 60 $\frac{4}{91}$ 61 $\frac{1}{26}$

62 $\frac{1}{42}$ 63 $\frac{1}{28}$ 64 $\frac{13}{56}$ 65 $\frac{1}{30}$ 66 $\frac{2}{45}$ 67 $\frac{1}{32}$ 68 $\frac{5}{48}$

69 $\frac{1}{34}$ 70 $\frac{4}{51}$ 71 $\frac{7}{72}$ 72 $\frac{11}{54}$ 73 $\frac{1}{38}$ 74 $\frac{2}{57}$ 75 $\frac{3}{80}$

04 계산 Plus+ (자연수)÷(자연수), (진분수)÷(자연수)

22쪽

❗계산 결과를 대분수로 나타내지 않아도 정답으로 인정합니다.

❶ $\frac{7}{8}$

❷ $3\frac{3}{4}$

❸ $\frac{2}{5}$

❹ $\frac{3}{14}$

❺ $\frac{3}{17}$

❻ $\frac{5}{24}$

❼ $\frac{1}{30}$

❽ $\frac{4}{75}$

23쪽

❾ $\frac{5}{14}$

❿ $2\frac{4}{7}$

⓫ $\frac{2}{9}$

⓬ $\frac{3}{13}$

⓭ $\frac{2}{35}$

⓮ $\frac{8}{33}$

24쪽

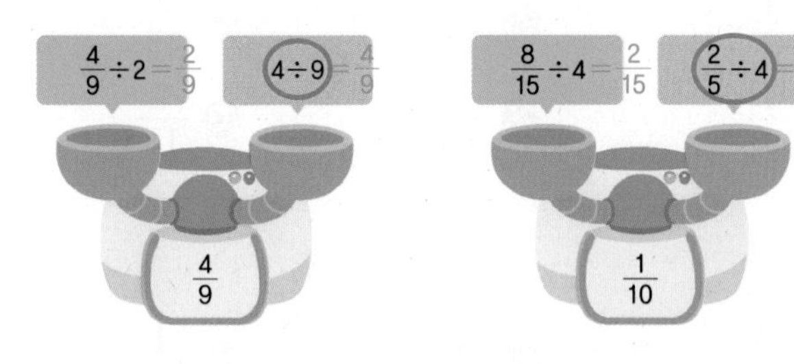

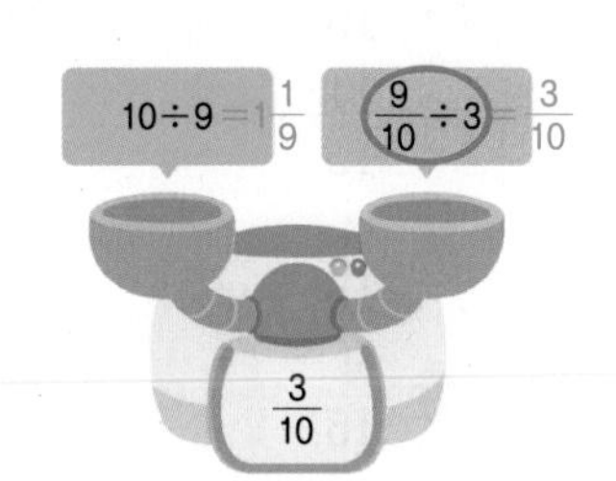

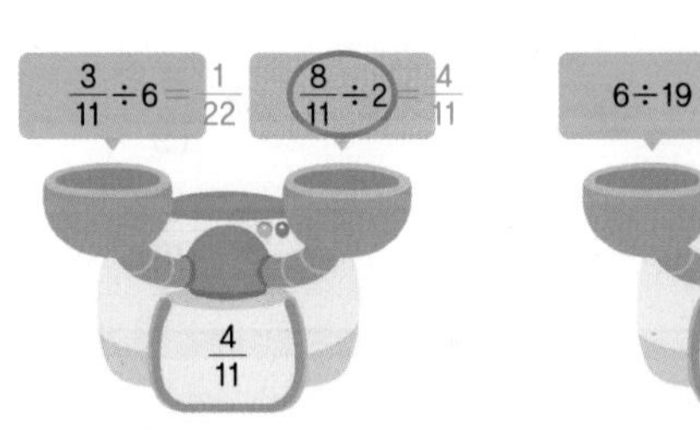

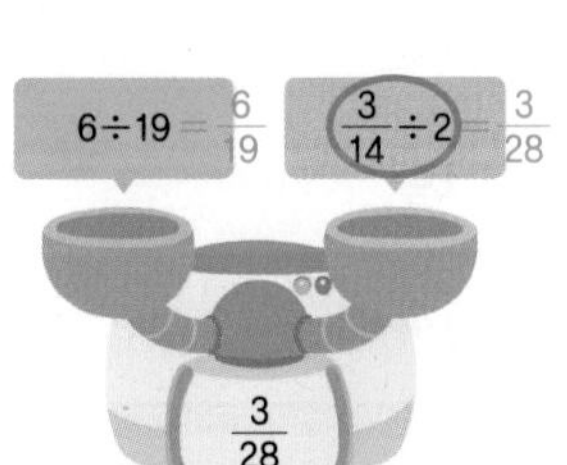

25쪽

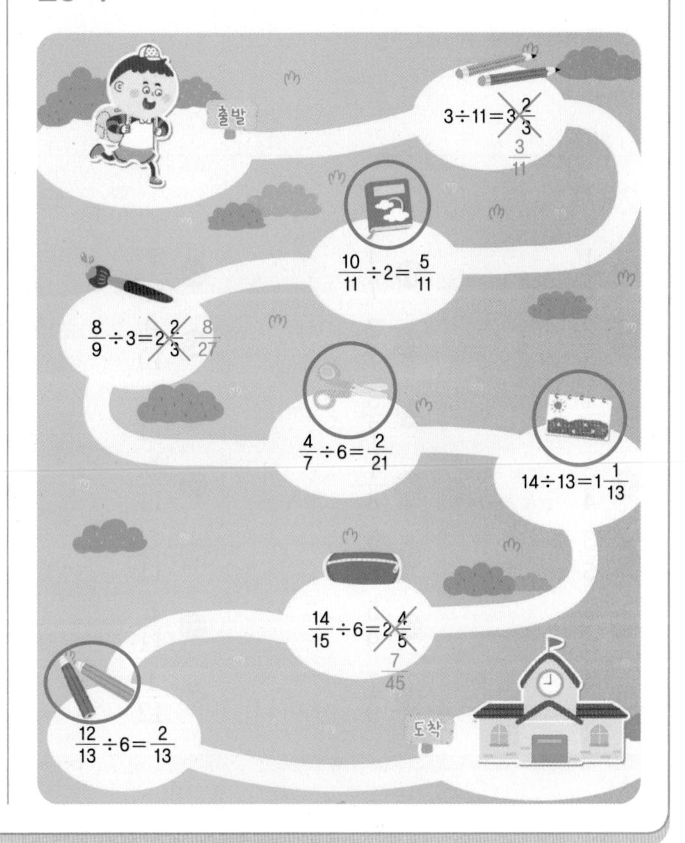

출발
$3\div11=3\frac{2}{3}$ $\frac{3}{11}$
$\frac{10}{11}\div2=\frac{5}{11}$
$\frac{8}{9}\div3=2\frac{2}{3}$ $\frac{8}{27}$
$\frac{4}{7}\div6=\frac{2}{21}$
$14\div13=1\frac{1}{13}$
$\frac{14}{15}\div6=2\frac{4}{5}$ $\frac{7}{45}$
$\frac{12}{13}\div6=\frac{2}{13}$
도착

05 분자가 자연수의 배수인 (가분수)÷(자연수)

26쪽

① $\frac{1}{2}$
② $\frac{1}{2}$
③ $\frac{1}{3}$
④ $\frac{3}{4}$
⑤ $\frac{1}{4}$
⑥ $\frac{4}{5}$
⑦ $\frac{3}{5}$
⑧ $\frac{3}{5}$
⑨ $\frac{1}{6}$
⑩ $\frac{2}{7}$
⑪ $\frac{2}{7}$
⑫ $\frac{6}{7}$

27쪽

⑬ $\frac{6}{7}$
⑭ $\frac{3}{8}$
⑮ $\frac{3}{8}$
⑯ $\frac{3}{8}$
⑰ $\frac{7}{9}$
⑱ $\frac{4}{9}$
⑲ $\frac{4}{9}$
⑳ $\frac{1}{10}$
㉑ $\frac{7}{10}$
㉒ $\frac{2}{11}$
㉓ $\frac{2}{11}$
㉔ $\frac{10}{11}$
㉕ $\frac{4}{11}$
㉖ $\frac{1}{12}$
㉗ $\frac{5}{13}$
㉘ $\frac{3}{13}$
㉙ $\frac{3}{13}$
㉚ $\frac{5}{14}$
㉛ $\frac{3}{14}$
㉜ $\frac{8}{15}$
㉝ $\frac{7}{15}$

28쪽

㉞ $\frac{1}{2}$
㉟ $\frac{2}{3}$
㊱ $\frac{1}{4}$
㊲ $\frac{3}{4}$
㊳ $\frac{3}{5}$
㊴ $\frac{3}{5}$
㊵ $\frac{4}{5}$
㊶ $\frac{4}{7}$
㊷ $\frac{2}{7}$
㊸ $\frac{3}{7}$
㊹ $\frac{1}{8}$
㊺ $\frac{5}{8}$
㊻ $\frac{5}{9}$
㊼ $\frac{7}{9}$
㊽ $\frac{5}{9}$
㊾ $\frac{9}{10}$
㊿ $\frac{5}{11}$
51 $\frac{9}{11}$
52 $\frac{5}{11}$
53 $\frac{5}{11}$
54 $\frac{1}{12}$

29쪽

55 $\frac{5}{12}$
56 $\frac{2}{13}$
57 $\frac{2}{13}$
58 $\frac{5}{13}$
59 $\frac{4}{13}$
60 $\frac{3}{14}$
61 $\frac{3}{14}$
62 $\frac{4}{15}$
63 $\frac{11}{15}$
64 $\frac{4}{15}$
65 $\frac{4}{15}$
66 $\frac{7}{16}$
67 $\frac{3}{16}$
68 $\frac{9}{17}$
69 $\frac{4}{17}$
70 $\frac{7}{17}$
71 $\frac{6}{17}$
72 $\frac{10}{19}$
73 $\frac{4}{19}$
74 $\frac{6}{19}$
75 $\frac{9}{20}$

06 분자가 자연수의 배수가 아닌 (가분수)÷(자연수)

30쪽

① $\frac{3}{4}$
② $\frac{5}{8}$
③ $\frac{5}{6}$
④ $\frac{7}{12}$
⑤ $\frac{9}{20}$
⑥ $\frac{3}{10}$
⑦ $\frac{4}{15}$
⑧ $\frac{3}{10}$
⑨ $\frac{7}{24}$
⑩ $\frac{3}{14}$
⑪ $\frac{5}{14}$
⑫ $\frac{3}{14}$

31쪽

⑬ $\frac{9}{14}$
⑭ $\frac{3}{16}$
⑮ $\frac{1}{16}$
⑯ $\frac{3}{16}$
⑰ $\frac{7}{24}$
⑱ $\frac{5}{18}$
⑲ $\frac{13}{27}$
⑳ $\frac{8}{27}$
㉑ $\frac{5}{18}$
㉒ $\frac{7}{27}$
㉓ $\frac{1}{20}$
㉔ $\frac{17}{40}$
㉕ $\frac{7}{40}$
㉖ $\frac{3}{22}$
㉗ $\frac{5}{22}$
㉘ $\frac{4}{33}$
㉙ $\frac{5}{22}$
㉚ $\frac{13}{60}$
㉛ $\frac{5}{39}$
㉜ $\frac{9}{52}$
㉝ $\frac{5}{42}$

32쪽

㉞ $\frac{3}{8}$
㉟ $\frac{7}{10}$
㊱ $\frac{4}{21}$
㊲ $\frac{5}{9}$
㊳ $\frac{1}{6}$
㊴ $\frac{7}{24}$
㊵ $\frac{5}{8}$
㊶ $\frac{7}{20}$
㊷ $\frac{3}{16}$
㊸ $\frac{11}{12}$
㊹ $\frac{3}{20}$
㊺ $\frac{1}{10}$
㊻ $\frac{3}{10}$
㊼ $\frac{2}{15}$
㊽ $\frac{7}{12}$
㊾ $\frac{11}{30}$
㊿ $\frac{1}{12}$
51 $\frac{9}{28}$
52 $\frac{13}{21}$
53 $\frac{8}{21}$
54 $\frac{5}{14}$

33쪽

55 $\frac{11}{40}$
56 $\frac{5}{24}$
57 $\frac{1}{16}$
58 $\frac{9}{32}$
59 $\frac{10}{27}$
60 $\frac{7}{18}$
61 $\frac{4}{27}$
62 $\frac{8}{27}$
63 $\frac{13}{50}$
64 $\frac{19}{20}$
65 $\frac{9}{20}$
66 $\frac{1}{22}$
67 $\frac{7}{55}$
68 $\frac{9}{44}$
69 $\frac{19}{48}$
70 $\frac{5}{36}$
71 $\frac{7}{26}$
72 $\frac{8}{65}$
73 $\frac{5}{28}$
74 $\frac{9}{70}$
75 $\frac{4}{45}$

07 (대분수)÷(자연수)

34쪽

❗계산 결과를 대분수로 나타내지 않아도 정답으로 인정합니다.

① $\frac{1}{2}$
② $\frac{2}{3}$
③ $\frac{1}{4}$
④ $\frac{3}{5}$
⑤ $\frac{3}{5}$
⑥ $\frac{7}{24}$
⑦ $\frac{11}{35}$
⑧ $\frac{3}{8}$
⑨ $\frac{2}{9}$

35쪽

⑩ $\frac{2}{3}$
⑪ $\frac{3}{4}$
⑫ $\frac{2}{5}$
⑬ $\frac{17}{30}$
⑭ $\frac{5}{7}$
⑮ $\frac{7}{8}$
⑯ $\frac{5}{9}$
⑰ $1\frac{2}{3}$
⑱ $\frac{5}{12}$
⑲ $\frac{3}{5}$
⑳ $1\frac{1}{18}$
㉑ $1\frac{4}{7}$
㉒ $1\frac{1}{2}$
㉓ $1\frac{1}{6}$
㉔ $\frac{3}{5}$
㉕ $\frac{5}{6}$
㉖ $2\frac{5}{6}$
㉗ $\frac{3}{4}$
㉘ $\frac{5}{8}$
㉙ $1\frac{7}{9}$
㉚ $1\frac{2}{5}$

36쪽

㉛ $\frac{3}{4}$
㉜ $\frac{1}{3}$
㉝ $\frac{7}{16}$
㉞ $\frac{2}{5}$
㉟ $\frac{1}{5}$
㊱ $\frac{11}{12}$
㊲ $\frac{3}{14}$
㊳ $\frac{2}{7}$
㊴ $\frac{13}{18}$
㊵ $\frac{2}{9}$
㊶ $\frac{8}{9}$
㊷ $\frac{1}{4}$
㊸ $\frac{2}{5}$
㊹ $\frac{2}{7}$
㊺ $\frac{5}{7}$
㊻ $\frac{3}{8}$
㊼ $\frac{5}{18}$
㊽ $\frac{3}{10}$
㊾ $\frac{2}{3}$
㊿ $1\frac{3}{5}$
51 $\frac{9}{14}$

37쪽

52 $\frac{31}{56}$
53 $\frac{7}{9}$
54 $\frac{3}{10}$
55 $\frac{1}{6}$
56 $\frac{7}{10}$
57 $1\frac{3}{7}$
58 $\frac{7}{8}$
59 $1\frac{1}{9}$
60 $2\frac{2}{3}$
61 $\frac{2}{5}$
62 $\frac{5}{6}$
63 $\frac{9}{14}$
64 $1\frac{1}{9}$
65 $1\frac{7}{30}$
66 $\frac{5}{7}$
67 $1\frac{4}{5}$
68 $\frac{10}{21}$
69 $1\frac{3}{8}$
70 $1\frac{2}{9}$
71 $\frac{7}{10}$
72 $\frac{15}{16}$

08 계산 Plus+ (가분수)÷(자연수), (대분수)÷(자연수)

38쪽

❶ $\frac{1}{4}$

❷ $\frac{3}{7}$

❸ $\frac{4}{9}$

❹ $\frac{9}{32}$

❺ $\frac{7}{22}$

❻ $\frac{3}{10}$

❼ $\frac{5}{7}$

❽ $\frac{7}{18}$

39쪽

❾ $\frac{4}{5}$

❿ $\frac{4}{7}$

⓫ $\frac{10}{13}$

⓬ $\frac{3}{14}$

⓭ $\frac{5}{27}$

⓮ $\frac{3}{44}$

⓯ $\frac{5}{24}$

⓰ $\frac{4}{7}$

⓱ $\frac{3}{5}$

⓲ $\frac{15}{32}$

40쪽

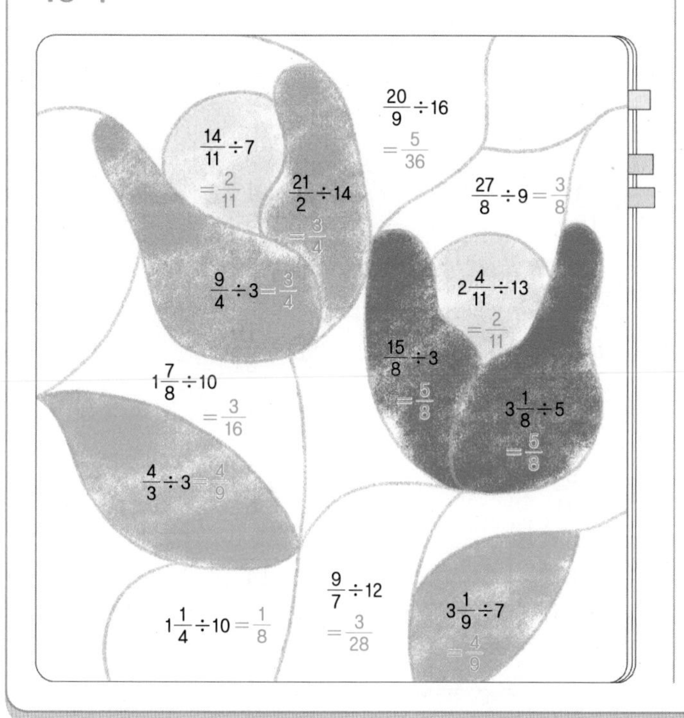

$\frac{14}{11}\div 7=\frac{2}{11}$
$\frac{21}{2}\div 14=\frac{3}{4}$
$\frac{20}{9}\div 16=\frac{5}{36}$
$\frac{27}{8}\div 9=\frac{3}{8}$
$\frac{9}{4}\div 3=\frac{3}{4}$
$2\frac{4}{11}\div 13=\frac{2}{11}$
$\frac{15}{8}\div 3=\frac{5}{8}$
$1\frac{7}{8}\div 10=\frac{3}{16}$
$3\frac{1}{8}\div 5=\frac{5}{8}$
$\frac{4}{3}\div 3=\frac{4}{9}$
$\frac{9}{7}\div 12=\frac{3}{28}$
$1\frac{1}{4}\div 10=\frac{1}{8}$
$3\frac{1}{9}\div 7=\frac{4}{9}$

41쪽

09 (분수)×(자연수)÷(자연수), (분수)÷(자연수)×(자연수)

42쪽

❶ 계산 결과를 대분수로 나타내지 않아도 정답으로 인정합니다.

1. $\frac{9}{10}$
2. $\frac{2}{9}$
3. $\frac{1}{3}$
4. $\frac{8}{63}$
5. $\frac{1}{4}$
6. $\frac{7}{10}$
7. $1\frac{1}{9}$
8. $\frac{3}{5}$

43쪽

9. $\frac{9}{20}$
10. $\frac{4}{15}$
11. $\frac{8}{35}$
12. $3\frac{3}{4}$
13. $\frac{5}{9}$
14. $\frac{8}{21}$
15. $\frac{3}{7}$
16. $\frac{2}{7}$
17. $\frac{5}{16}$
18. $\frac{3}{8}$
19. $\frac{1}{6}$
20. $\frac{5}{18}$
21. $\frac{1}{10}$
22. $\frac{3}{10}$

44쪽

23. $\frac{6}{25}$
24. $\frac{4}{15}$
25. $\frac{2}{3}$
26. $\frac{3}{16}$
27. $\frac{3}{8}$
28. $\frac{4}{27}$
29. $\frac{4}{15}$
30. $\frac{3}{4}$
31. $2\frac{1}{10}$
32. $1\frac{3}{5}$
33. $\frac{6}{7}$
34. $2\frac{11}{12}$
35. $1\frac{3}{7}$
36. $2\frac{5}{6}$

45쪽

37. $\frac{14}{15}$
38. $\frac{1}{4}$
39. $1\frac{1}{9}$
40. $\frac{1}{12}$
41. $2\frac{9}{20}$
42. $1\frac{2}{3}$
43. $\frac{3}{4}$
44. $2\frac{4}{5}$
45. $1\frac{2}{9}$
46. $1\frac{19}{21}$
47. $\frac{15}{16}$
48. $2\frac{5}{8}$
49. $\frac{9}{14}$
50. $1\frac{5}{27}$

10 (분수)÷(자연수)÷(자연수)

46쪽

❶ $\frac{1}{18}$
❷ $\frac{2}{15}$
❸ $\frac{1}{14}$
❹ $\frac{5}{98}$
❺ $\frac{3}{28}$
❻ $\frac{1}{40}$
❼ $\frac{5}{96}$
❽ $\frac{1}{64}$

47쪽

❾ $\frac{1}{90}$
⑩ $\frac{1}{27}$
⑪ $\frac{2}{81}$
⑫ $\frac{1}{100}$
⑬ $\frac{1}{30}$
⑭ $\frac{1}{40}$
⑮ $\frac{2}{77}$
⑯ $\frac{3}{110}$
⑰ $\frac{3}{88}$
⑱ $\frac{5}{132}$
⑲ $\frac{1}{96}$
⑳ $\frac{1}{36}$
㉑ $\frac{1}{78}$
㉒ $\frac{1}{28}$

48쪽

㉓ $\frac{3}{40}$
㉔ $\frac{2}{63}$
㉕ $\frac{1}{64}$
㉖ $\frac{1}{108}$
㉗ $\frac{1}{40}$
㉘ $\frac{3}{50}$
㉙ $\frac{1}{33}$
㉚ $\frac{1}{66}$
㉛ $\frac{1}{72}$
㉜ $\frac{1}{156}$
㉝ $\frac{2}{65}$
㉞ $\frac{3}{112}$
㉟ $\frac{2}{45}$
㊱ $\frac{1}{30}$

49쪽

㊲ $\frac{3}{50}$
㊳ $\frac{2}{21}$
㊴ $\frac{1}{18}$
㊵ $\frac{1}{16}$
㊶ $\frac{7}{32}$
㊷ $\frac{2}{27}$
㊸ $\frac{3}{40}$
㊹ $\frac{1}{10}$
㊺ $\frac{3}{28}$
㊻ $\frac{3}{32}$
㊼ $\frac{3}{40}$
㊽ $\frac{2}{25}$
㊾ $\frac{1}{36}$
㊿ $\frac{2}{27}$

11 어떤 수 구하기

50쪽 ❶ 계산 결과를 대분수로 나타내지 않아도 정답으로 인정합니다.

① $\frac{5}{8}$, $\frac{5}{8}$
② $\frac{2}{9}$, $\frac{2}{9}$
③ $\frac{5}{33}$, $\frac{5}{33}$
④ $\frac{4}{7}$, $\frac{4}{7}$
⑤ $\frac{5}{48}$, $\frac{5}{48}$
⑥ $\frac{2}{5}$, $\frac{2}{5}$

51쪽

⑦ $\frac{4}{11}$, $\frac{4}{11}$
⑧ $1\frac{7}{9}$, $1\frac{7}{9}$
⑨ $\frac{1}{7}$, $\frac{1}{7}$
⑩ $\frac{4}{13}$, $\frac{4}{13}$
⑪ $\frac{3}{40}$, $\frac{3}{40}$
⑫ $\frac{7}{45}$, $\frac{7}{45}$
⑬ $\frac{6}{13}$, $\frac{6}{13}$
⑭ $\frac{7}{30}$, $\frac{7}{30}$
⑮ $\frac{11}{30}$, $\frac{11}{30}$
⑯ $\frac{4}{7}$, $\frac{4}{7}$

52쪽

⑰ $\frac{2}{7}$
⑱ $3\frac{2}{5}$
⑲ $\frac{3}{10}$
⑳ $\frac{4}{21}$
㉑ $\frac{5}{34}$
㉒ $\frac{3}{38}$
㉓ $\frac{5}{7}$
㉔ $\frac{2}{9}$
㉕ $\frac{7}{39}$
㉖ $\frac{5}{28}$
㉗ $\frac{11}{24}$
㉘ $\frac{9}{10}$

53쪽

㉙ $\frac{3}{14}$
㉚ $4\frac{3}{4}$
㉛ $\frac{5}{11}$
㉜ $\frac{4}{17}$
㉝ $\frac{5}{52}$
㉞ $\frac{3}{64}$
㉟ $\frac{5}{6}$
㊱ $\frac{3}{10}$
㊲ $\frac{9}{22}$
㊳ $\frac{14}{45}$
㊴ $\frac{5}{9}$
㊵ $\frac{12}{35}$

12 계산 Plus+ 분수와 자연수의 혼합 계산

54쪽 ❶ 계산 결과를 대분수로 나타내지 않아도 정답으로 인정합니다.

① $2\frac{2}{9}$
② $\frac{2}{5}$
③ $1\frac{1}{3}$
④ $1\frac{11}{14}$
⑤ $\frac{3}{16}$
⑥ $\frac{3}{10}$
⑦ $\frac{3}{28}$
⑧ $\frac{1}{22}$

55쪽

⑨ $\frac{8}{15}$
⑩ $\frac{2}{7}$
⑪ $\frac{3}{5}$
⑫ $\frac{2}{15}$
⑬ $\frac{1}{6}$
⑭ $\frac{10}{27}$
⑮ $\frac{1}{72}$
⑯ $\frac{1}{72}$
⑰ $\frac{7}{90}$
⑱ $\frac{7}{32}$

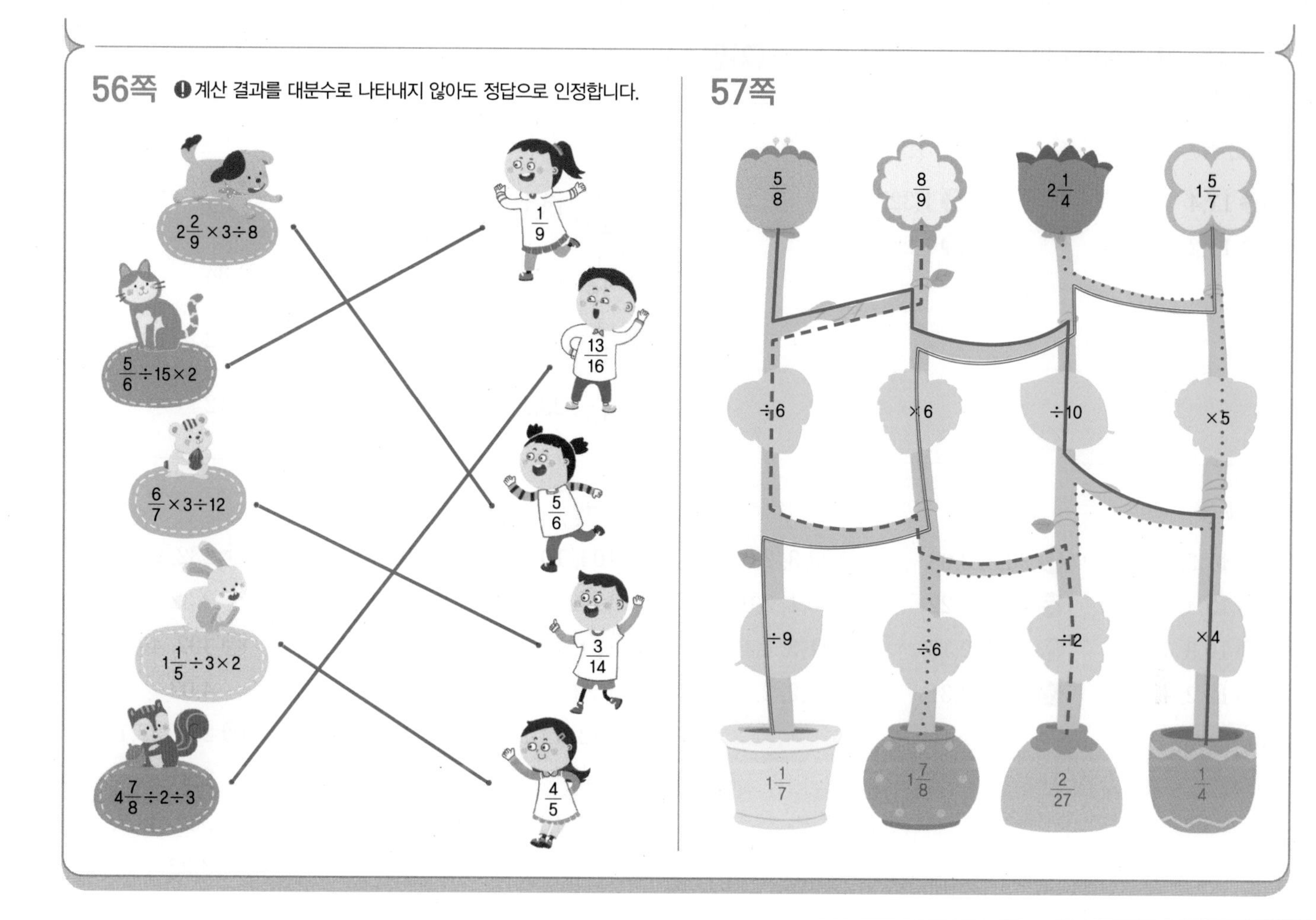

13 분수의 나눗셈 평가

58쪽 ❶ 계산 결과를 대분수로 나타내지 않아도 정답으로 인정합니다.

❶ $\frac{5}{9}$

❷ $4\frac{1}{3}$

❸ $\frac{1}{9}$

❹ $\frac{3}{11}$

❺ $\frac{5}{39}$

❻ $\frac{3}{80}$

❼ $\frac{3}{10}$

❽ $\frac{4}{11}$

❾ $\frac{3}{14}$

❿ $\frac{5}{32}$

59쪽

⓫ $\frac{7}{9}$

⓬ $\frac{3}{5}$

⓭ $\frac{3}{10}$

⓮ $\frac{16}{21}$

⓯ $\frac{2}{75}$

⓰ $\frac{4}{35}$

⓱ $1\frac{1}{7}$

⓲ $\frac{3}{13}$

⓳ $\frac{10}{21}$

⓴ $\frac{12}{25}$

14 자연수의 나눗셈을 이용한 (소수) ÷ (자연수)

62쪽

❶ 11.4
❷ 11.2
❸ 1.32
❹ 1.21

63쪽

❺ $\frac{1}{10}$, 13.1
❻ $\frac{1}{10}$, 12.1
❼ $\frac{1}{10}$, 11.2
❽ $\frac{1}{10}$, 23.1
❾ $\frac{1}{100}$, 1.43
❿ $\frac{1}{100}$, 2.34
⓫ $\frac{1}{100}$, 2.02
⓬ $\frac{1}{100}$, 3.12

64쪽

⓭ 11.3, 1.13
⓮ 13.4, 1.34
⓯ 10.3, 1.03
⓰ 12.2, 1.22
⓱ 20.3, 2.03
⓲ 12.2, 1.22
⓳ 21.3, 2.13
⓴ 33.1, 3.31
㉑ 23.3, 2.33
㉒ 20.1, 2.01
㉓ 41.3, 4.13
㉔ 21.2, 2.12

65쪽

㉕ 104, 10.4, 1.04
㉖ 124, 12.4, 1.24
㉗ 142, 14.2, 1.42
㉘ 102, 10.2, 1.02
㉙ 123, 12.3, 1.23
㉚ 102, 10.2, 1.02
㉛ 241, 24.1, 2.41
㉜ 203, 20.3, 2.03
㉝ 324, 32.4, 3.24
㉞ 341, 34.1, 3.41
㉟ 232, 23.2, 2.32
㊱ 402, 40.2, 4.02
㊲ 221, 22.1, 2.21
㊳ 302, 30.2, 3.02
㊴ 323, 32.3, 3.23

15 각 자리에서 나누어떨어지지 않는 (소수)÷(자연수)

66쪽

❶ 1.6
❷ 3.7
❸ 2.8
❹ 4.3
❺ 1.9
❻ 3.7

67쪽

❼ 1.4
❽ 1.3
❾ 2.4
❿ 3.7
⓫ 4.7
⓬ 4.2
⓭ 9.7
⓮ 8.7
⓯ 2.83
⓰ 9.54
⓱ 6.69
⓲ 6.28

68쪽

⓳ 1.6
⓴ 4.6
㉑ 8.79
㉒ 1.8
㉓ 4.9
㉔ 5.37
㉕ 1.4
㉖ 4.9
㉗ 5.72

69쪽

㉘ 1.6
㉙ 4.9
㉚ 3.6
㉛ 2.2
㉜ 3.9
㉝ 2.8
㉞ 3.4
㉟ 6.4
㊱ 19.6
㊲ 14.4
㊳ 11.3
㊴ 11.4
㊵ 19.7
㊶ 12.4
㊷ 6.47
㊸ 2.35
㊹ 6.32
㊺ 7.35
㊻ 13.46
㊼ 12.35
㊽ 11.74

16 계산 Plus+ 소수의 나눗셈 (1)

70쪽

❶ 13.2
❷ 21.4
❸ 2.01
❹ 3.31
❺ 2.9
❻ 7.3
❼ 6.93
❽ 6.24

71쪽

❾ 10.3
❿ 31.2
⓫ 2.43
⓬ 2.11
⓭ 4.7
⓮ 11.3
⓯ 5.83
⓰ 7.19

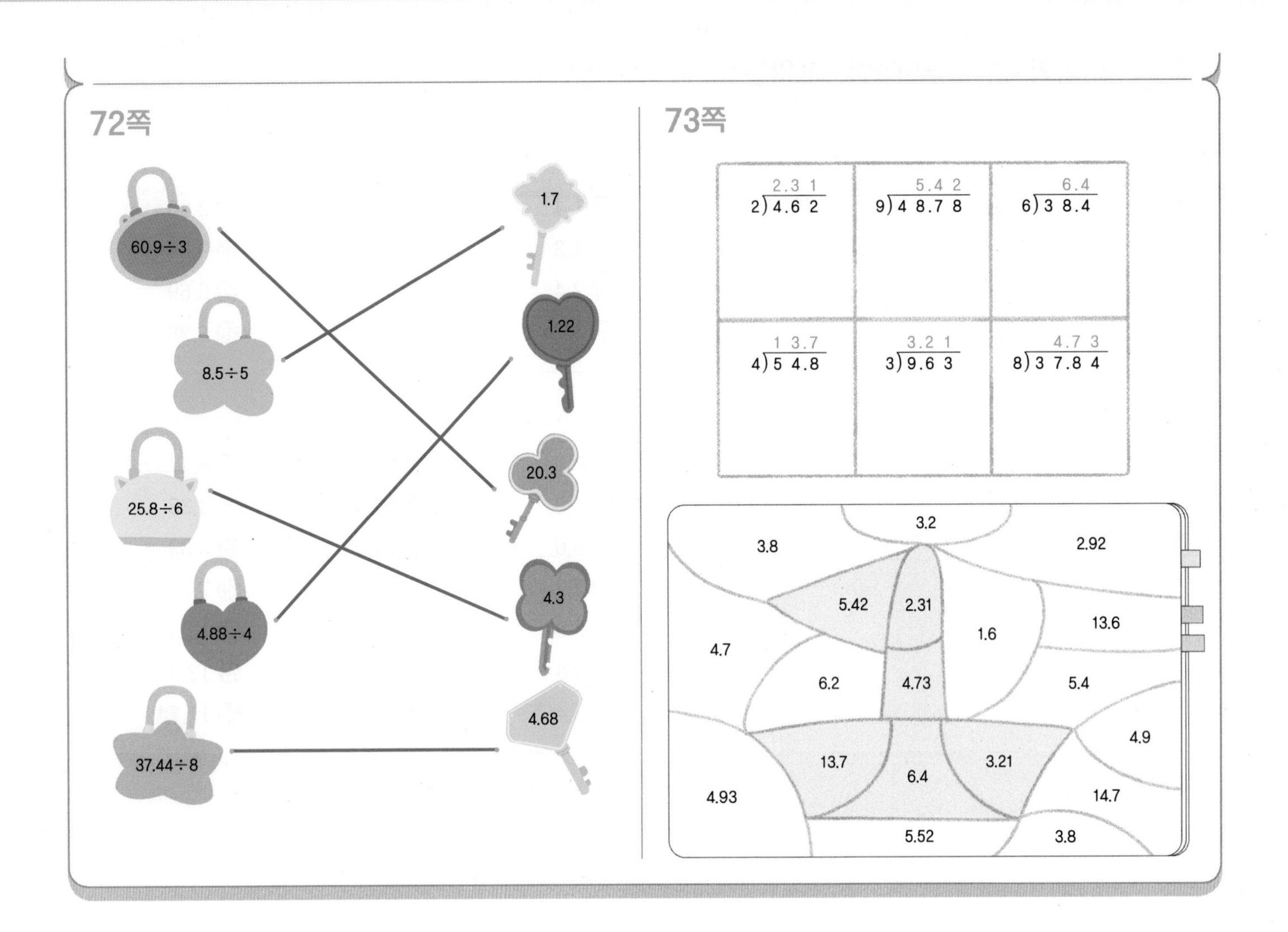

17 몫이 1보다 작은 소수인 (소수)÷(자연수)

74쪽

❶ 0.32
❷ 0.69
❸ 0.43
❹ 0.54
❺ 0.43
❻ 0.64

75쪽

❼ 0.17
❽ 0.29
❾ 0.26
❿ 0.37
⓫ 0.98
⓬ 0.78
⓭ 0.42
⓮ 0.85
⓯ 0.63
⓰ 0.74
⓱ 0.94
⓲ 0.75

76쪽

⑲ 0.47 ⑳ 0.45 ㉑ 0.58 ㉒ 0.49 ㉓ 0.88 ㉔ 0.92 ㉕ 0.49 ㉖ 0.62 ㉗ 0.98

77쪽

㉘ 0.26 ㉙ 0.27 ㉚ 0.29 ㉛ 0.35 ㉜ 0.37 ㉝ 0.87 ㉞ 0.75 ㉟ 0.72 ㊱ 0.53 ㊲ 0.64 ㊳ 0.62 ㊴ 0.84 ㊵ 0.99 ㊶ 0.78 ㊷ 0.97 ㊸ 0.78 ㊹ 0.96 ㊺ 0.96

18 소수점 아래 0을 내려 계산해야 하는 (소수)÷(자연수)

78쪽

❶ 0.32 ❷ 0.75 ❸ 0.45 ❹ 0.96 ❺ 0.85 ❻ 0.65

79쪽

❼ 0.15 ❽ 0.35 ❾ 0.25 ❿ 0.42 ⓫ 0.95 ⓬ 0.85 ⓭ 1.52 ⓮ 1.95 ⓯ 2.65 ⓰ 2.35 ⓱ 3.45 ⓲ 7.85

80쪽

⑲ 0.45 ⑳ 1.25 ㉑ 2.28 ㉒ 0.76 ㉓ 2.15 ㉔ 2.25 ㉕ 0.55 ㉖ 1.15 ㉗ 3.55

81쪽

㉘ 0.14 ㉙ 0.15 ㉚ 0.75 ㉛ 0.35 ㉜ 0.55 ㉝ 0.68 ㉞ 0.95 ㉟ 0.65 ㊱ 0.94 ㊲ 0.95 ㊳ 3.85 ㊴ 1.45 ㊵ 2.45 ㊶ 2.52 ㊷ 2.75 ㊸ 7.15 ㊹ 4.15 ㊺ 7.85

19 계산 Plus+ 소수의 나눗셈 (2)

82쪽

❶ 0.14 ❷ 0.43 ❸ 0.49 ❹ 0.89 ❺ 0.35 ❻ 0.64 ❼ 0.45 ❽ 3.55

83쪽

❾ 0.15 ❿ 0.47 ⓫ 0.62 ⓬ 0.53 ⓭ 0.55 ⓮ 0.91 ⓯ 0.65 ⓰ 0.55 ⓱ 0.86 ⓲ 1.45 ⓳ 1.85 ⓴ 3.35

84쪽 **85쪽**

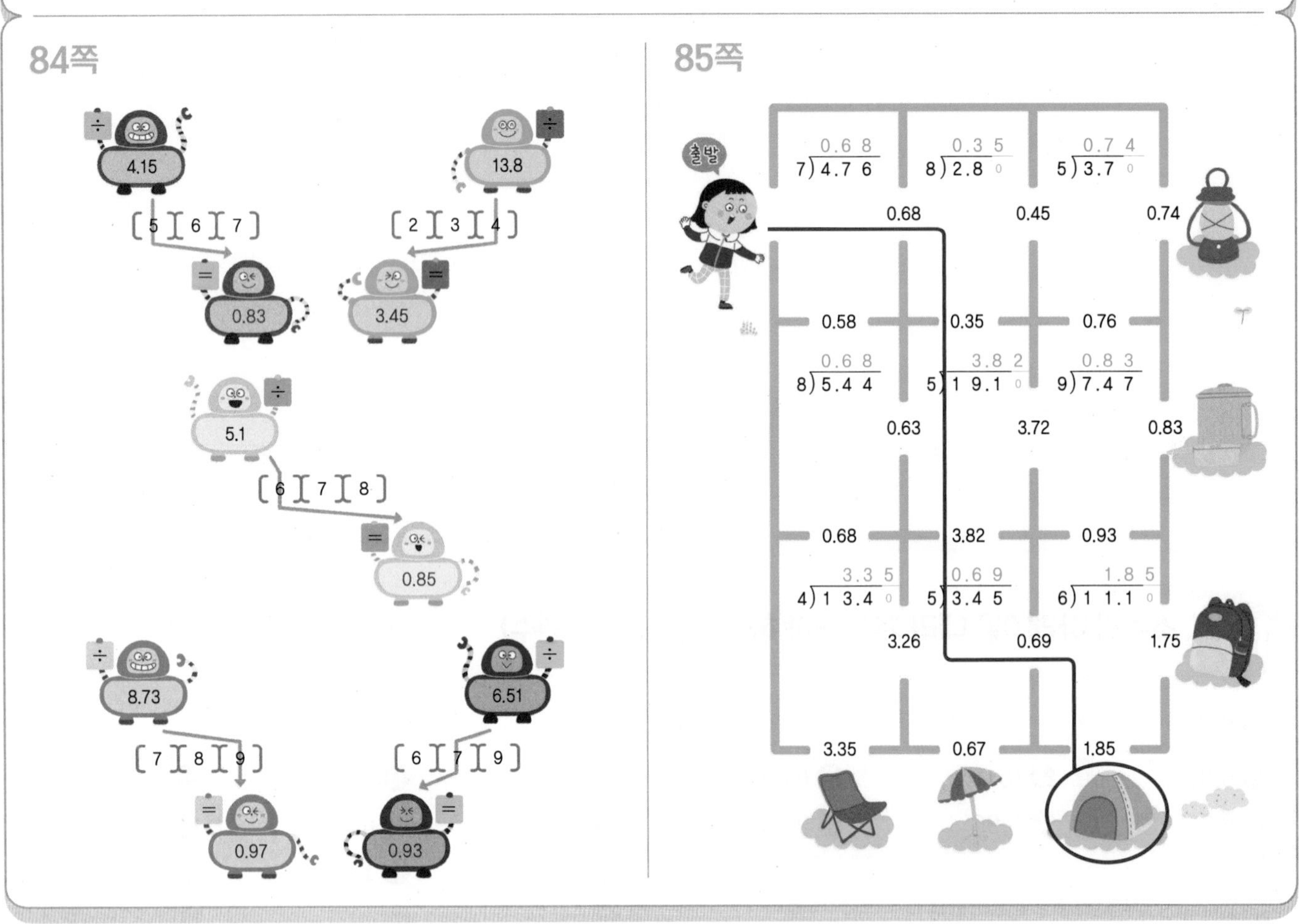

20 몫의 소수 첫째 자리에 0이 있는 (소수)÷(자연수)

86쪽

❶ 1.07 ❷ 4.07 ❸ 1.05 ❹ 2.05 ❺ 1.04 ❻ 3.09

87쪽

❼ 2.09 ❽ 2.04 ❾ 1.08 ❿ 1.04 ⓫ 3.07 ⓬ 7.05 ⓭ 6.04 ⓮ 5.03 ⓯ 0.05 ⓰ 2.05 ⓱ 3.06 ⓲ 6.05

88쪽

⓳ 1.07 ⓴ 2.04 ㉑ 2.07 ㉒ 1.03 ㉓ 1.09 ㉔ 2.05 ㉕ 3.06 ㉖ 1.09 ㉗ 3.08

89쪽

㉘ 1.03 ㉙ 1.07 ㉚ 1.04 ㉛ 2.09 ㉜ 3.08 ㉝ 1.03 ㉞ 2.08 ㉟ 3.05 ㊱ 7.04 ㊲ 8.06 ㊳ 5.07 ㊴ 6.02 ㊵ 1.05 ㊶ 1.08 ㊷ 3.05 ㊸ 7.05 ㊹ 7.04 ㊺ 6.05

21 (자연수)÷(자연수)의 몫을 소수로 나타내기

90쪽

❶ 1.5 ❷ 1.5 ❸ 1.5 ❹ 2.6 ❺ 1.8 ❻ 3.5

91쪽

❼ 0.5 ❽ 3.5 ❾ 1.6 ❿ 6.5 ⓫ 3.2 ⓬ 1.5 ⓭ 6.5 ⓮ 3.2 ⓯ 1.25 ⓰ 4.75 ⓱ 1.75 ⓲ 1.15

92쪽

⓳ 2.5 ⓴ 2.5 ㉑ 2.25 ㉒ 1.4 ㉓ 3.8 ㉔ 6.75 ㉕ 1.5 ㉖ 2.5 ㉗ 4.75

93쪽

㉘ 0.6 ㉙ 0.3 ㉚ 2.5 ㉛ 0.8 ㉜ 4.5 ㉝ 3.5 ㉞ 6.4 ㉟ 9.5 ㊱ 2.5 ㊲ 8.5 ㊳ 1.3 ㊴ 9.5 ㊵ 0.45 ㊶ 1.75 ㊷ 1.08 ㊸ 8.25 ㊹ 2.25 ㊺ 4.25

22 어떤 수 구하기

94쪽

❶ 11.2, 11.2
❷ 1.5, 1.5
❸ 0.42, 0.42
❹ 1.65, 1.65
❺ 2.05, 2.05
❻ 3.5, 3.5

95쪽

❼ 31.2, 31.2
❽ 1.23, 1.23
❾ 0.49, 0.49
❿ 0.89, 0.89
⓫ 1.35, 1.35
⓬ 5.35, 5.35
⓭ 1.05, 1.05
⓮ 7.09, 7.09
⓯ 1.2, 1.2
⓰ 0.85, 0.85

96쪽

⑰ 21.4
⑱ 3.22
⑲ 1.2
⑳ 3.15
㉑ 0.83
㉒ 0.94
㉓ 1.75
㉔ 2.98
㉕ 3.09
㉖ 3.05
㉗ 7.5
㉘ 4.25

97쪽

㉙ 13.1
㉚ 2.11
㉛ 1.84
㉜ 2.43
㉝ 0.93
㉞ 0.79
㉟ 2.54
㊱ 3.95
㊲ 2.07
㊳ 4.06
㊴ 1.5
㊵ 0.95

23 계산 Plus+ 소수의 나눗셈 (3)

98쪽

❶ 1.06
❷ 2.06
❸ 4.03
❹ 5.08
❺ 2.8
❻ 1.4
❼ 5.75
❽ 2.75

99쪽

❾ 1.07
❿ 3.08
⓫ 4.05
⓬ 6.05
⓭ 6.2
⓮ 7.5
⓯ 2.75
⓰ 7.25

100쪽

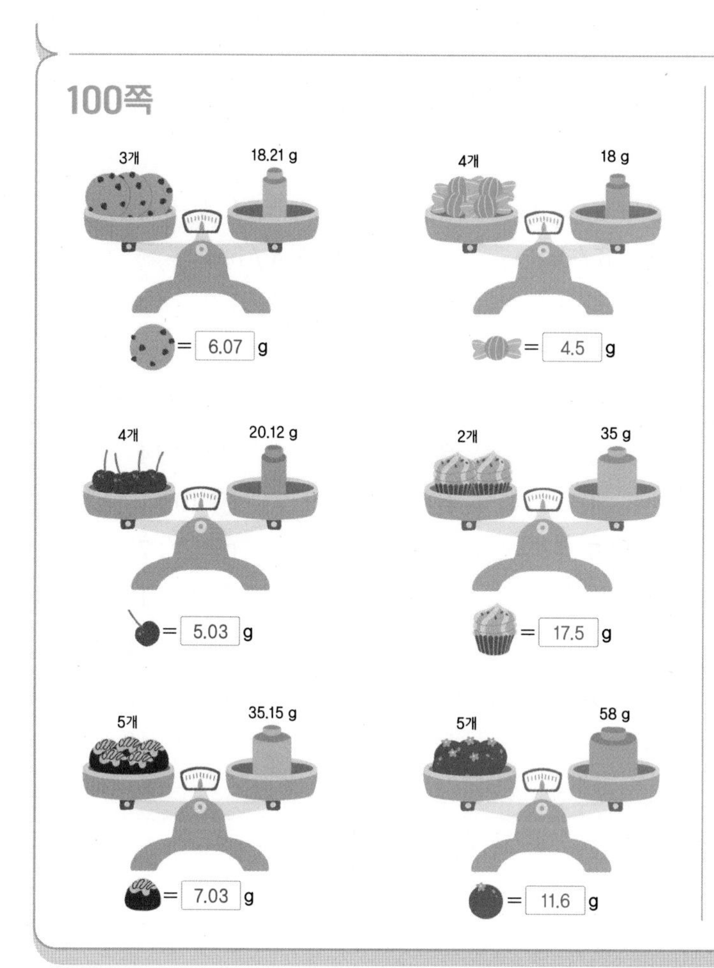

101쪽

24 소수의 나눗셈 평가

102쪽

1. 12.1
2. 5.3
3. 0.47
4. 0.87
5. 1.95
6. 3.38
7. 4.03
8. 2.05
9. 4.5
10. 9.75

103쪽

11. 2.31
12. 2.4
13. 0.59
14. 3.15
15. 3.08
16. 2.25
17. 9.56
18. 0.95
19. 4.35
20. 4.07

25 비로 나타내기

106쪽

❶ 2, 5
❷ 4, 3
❸ 5, 3
❹ 3, 7
❺ 5, 4
❻ 7, 2

107쪽

❼ 7, 4 / 7, 4
❽ 3, 8 / 3, 8
❾ 7, 3 / 3, 7
❿ 4, 3 / 4, 3
⓫ 5, 4 / 5, 4
⓬ 3, 5 / 5, 3

108쪽

⓭ 2 : 7
⓮ 3 : 4
⓯ 4 : 9
⓰ 5 : 6
⓱ 7 : 11
⓲ 8 : 3
⓳ 9 : 5
⓴ 10 : 7
㉑ 11 : 12
㉒ 12 : 5
㉓ 3 : 2
㉔ 4 : 7
㉕ 6 : 11
㉖ 7 : 5
㉗ 8 : 13
㉘ 9 : 7
㉙ 10 : 9
㉚ 11 : 4
㉛ 11 : 10
㉜ 12 : 13
㉝ 13 : 8

109쪽

㉞ 7 : 3
㉟ 5 : 4
㊱ 8 : 5
㊲ 7 : 6
㊳ 9 : 8
㊴ 3 : 10
㊵ 5 : 11
㊶ 9 : 13
㊷ 5 : 14
㊸ 8 : 15
㊹ 3 : 5
㊺ 4 : 9
㊻ 7 : 4
㊼ 8 : 11
㊽ 9 : 14
㊾ 10 : 13
㊿ 11 : 7
51 12 : 13
52 14 : 11
53 15 : 4
54 17 : 10

26 비율을 분수나 소수로 나타내기

110쪽

❶ 1, 4, $\frac{1}{4}$
❷ 4, 9, $\frac{4}{9}$
❸ 2, 5, 0.4
❹ 3, 4, 0.75

111쪽

❺ $\frac{2}{7}$
❻ $\frac{5}{9}$
❼ $\frac{8}{11}$
❽ $\frac{3}{8}$
❾ $\frac{6}{11}$
❿ $\frac{7}{10}$
⓫ $\frac{9}{14}$
⓬ 0.6
⓭ 0.25
⓮ 0.28
⓯ 0.5
⓰ 0.75
⓱ 0.8
⓲ 0.45

112쪽

⑲ $\frac{4}{7}$
⑳ $\frac{5}{6}$
㉑ $\frac{8}{12}\left(=\frac{2}{3}\right)$
㉒ $\frac{9}{16}$
㉓ $\frac{10}{19}$
㉔ $\frac{12}{17}$
㉕ $\frac{14}{9}\left(=1\frac{5}{9}\right)$
㉖ $\frac{16}{5}\left(=3\frac{1}{5}\right)$
㉗ $\frac{15}{7}\left(=2\frac{1}{7}\right)$
㉘ $\frac{7}{8}$
㉙ $\frac{4}{9}$
㉚ $\frac{5}{13}$
㉛ $\frac{13}{14}$
㉜ $\frac{6}{15}\left(=\frac{2}{5}\right)$
㉝ $\frac{3}{8}$
㉞ $\frac{6}{11}$
㉟ $\frac{7}{14}\left(=\frac{1}{2}\right)$
㊱ $\frac{9}{11}$
㊲ $\frac{12}{17}$
㊳ $\frac{17}{6}\left(=2\frac{5}{6}\right)$
㊴ $\frac{19}{8}\left(=2\frac{3}{8}\right)$

113쪽

㊵ 0.8
㊶ 0.2
㊷ 0.7
㊸ 0.75
㊹ 0.55
㊺ 2.4
㊻ 1.5
㊼ 3.5
㊽ 0.25
㊾ 2.5
㊿ 0.4
51 0.6
52 0.65
53 0.56
54 0.3
55 0.625
56 1.75
57 0.35
58 0.48
59 1.7
60 0.92

27 계산 Plus+ 비와 비율 (1)

114쪽

❶ 3 : 7
❷ 5 : 8
❸ 9 : 4
❹ 10 : 11
❺ 7 : 10
❻ 12 : 5
❼ 11 : 15
❽ 17 : 9

115쪽

❾ $\frac{6}{15}\left(=\frac{2}{5}\right)$, 0.4
❿ $\frac{11}{10}\left(=1\frac{1}{10}\right)$, 1.1
⓫ $\frac{13}{4}\left(=3\frac{1}{4}\right)$, 3.25
⓬ $\frac{15}{20}\left(=\frac{3}{4}\right)$, 0.75
⓭ $\frac{3}{20}$, 0.15
⓮ $\frac{9}{5}\left(=1\frac{4}{5}\right)$, 1.8
⓯ $\frac{12}{16}\left(=\frac{3}{4}\right)$, 0.75
⓰ $\frac{19}{25}$, 0.76

116쪽

117쪽

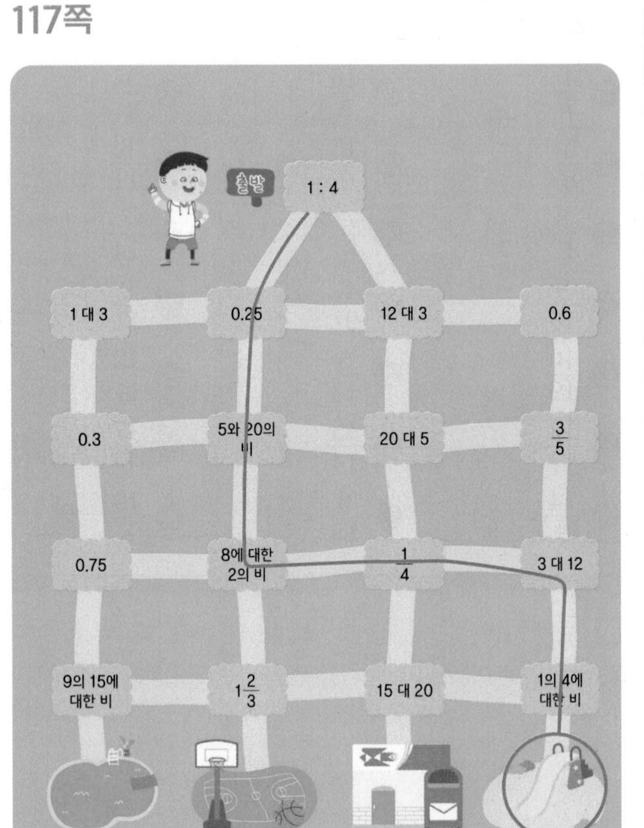

28 비율을 백분율로 나타내기

118쪽

❶ 3 %
❷ 9 %
❸ 13 %
❹ 20 %
❺ 29 %
❻ 31 %
❼ 37 %
❽ 45 %
❾ 48 %
❿ 52 %
⓫ 59 %
⓬ 60 %

119쪽

⓭ 63 %
⓮ 67 %
⓯ 69 %
⓰ 71 %
⓱ 74 %
⓲ 78 %
⓳ 80 %
⓴ 82 %
㉑ 85 %
㉒ 89 %
㉓ 94 %
㉔ 110 %
㉕ 116 %
㉖ 121 %
㉗ 134 %
㉘ 147 %
㉙ 153 %
㉚ 165 %
㉛ 172 %
㉜ 219 %
㉝ 350 %

120쪽

34 50 %
35 25 %
36 75 %
37 40 %
38 80 %
39 140 %
40 25 %
41 30 %
42 90 %
43 170 %
44 75 %
45 125 %
46 40 %
47 35 %
48 65 %
49 150 %
50 50 %
51 75 %
52 125 %
53 32 %
54 44 %

121쪽

55 60 %
56 96 %
57 160 %
58 70 %
59 20 %
60 25 %
61 35 %
62 85 %
63 24 %
64 46 %
65 74 %
66 142 %
67 188 %
68 30 %
69 15 %
70 25 %
71 47 %
72 69 %
73 121 %
74 37 %
75 14 %

29 백분율을 분수나 소수로 나타내기

122쪽

1 $\frac{2}{100}\left(=\frac{1}{50}\right)$
2 $\frac{5}{100}\left(=\frac{1}{20}\right)$
3 $\frac{10}{100}\left(=\frac{1}{10}\right)$
4 $\frac{16}{100}\left(=\frac{4}{25}\right)$
5 $\frac{20}{100}\left(=\frac{1}{5}\right)$
6 $\frac{22}{100}\left(=\frac{11}{50}\right)$
7 $\frac{25}{100}\left(=\frac{1}{4}\right)$
8 $\frac{30}{100}\left(=\frac{3}{10}\right)$
9 $\frac{32}{100}\left(=\frac{8}{25}\right)$
10 $\frac{35}{100}\left(=\frac{7}{20}\right)$
11 $\frac{40}{100}\left(=\frac{2}{5}\right)$
12 $\frac{43}{100}$

123쪽

13 $\frac{48}{100}\left(=\frac{12}{25}\right)$
14 $\frac{52}{100}\left(=\frac{13}{25}\right)$
15 $\frac{55}{100}\left(=\frac{11}{20}\right)$
16 $\frac{57}{100}$
17 $\frac{60}{100}\left(=\frac{3}{5}\right)$
18 $\frac{65}{100}\left(=\frac{13}{20}\right)$
19 $\frac{66}{100}\left(=\frac{33}{50}\right)$
20 $\frac{72}{100}\left(=\frac{18}{25}\right)$
21 $\frac{75}{100}\left(=\frac{3}{4}\right)$
22 $\frac{78}{100}\left(=\frac{39}{50}\right)$
23 $\frac{80}{100}\left(=\frac{4}{5}\right)$
24 $\frac{81}{100}$
25 $\frac{85}{100}\left(=\frac{17}{20}\right)$
26 $\frac{90}{100}\left(=\frac{9}{10}\right)$
27 $\frac{93}{100}$
28 $\frac{98}{100}\left(=\frac{49}{50}\right)$
29 $\frac{107}{100}\left(=1\frac{7}{100}\right)$
30 $\frac{153}{100}\left(=1\frac{53}{100}\right)$
31 $\frac{179}{100}\left(=1\frac{79}{100}\right)$
32 $\frac{217}{100}\left(=2\frac{17}{100}\right)$
33 $\frac{341}{100}\left(=3\frac{41}{100}\right)$

124쪽

34 0.04
35 0.06
36 0.11
37 0.14
38 0.18
39 0.2
40 0.23
41 0.27
42 0.31
43 0.34
44 0.39
45 0.42
46 0.44
47 0.47
48 0.5
49 0.53
50 0.58
51 0.61
52 0.64
53 0.67
54 0.7

125쪽

55 0.76
56 0.78
57 0.79
58 0.8
59 0.82
60 0.84
61 0.89
62 0.91
63 0.94
64 0.96
65 0.99
66 1.03
67 1.08
68 1.12
69 1.25
70 1.3
71 1.77
72 1.94
73 2.09
74 2.71
75 3.28

30 계산 Plus+ 비와 비율 (2)

126쪽

❶ 23 %
❷ 34 %
❸ 57 %
❹ 81 %
❺ 75 %
❻ 70 %
❼ 45 %
❽ 52 %

127쪽

❾ $\frac{8}{100}\left(=\frac{2}{25}\right)$, 0.08
❿ $\frac{12}{100}\left(=\frac{3}{25}\right)$, 0.12
⓫ $\frac{26}{100}\left(=\frac{13}{50}\right)$, 0.26
⓬ $\frac{33}{100}$, 0.33
⓭ $\frac{45}{100}\left(=\frac{9}{20}\right)$, 0.45
⓮ $\frac{56}{100}\left(=\frac{14}{25}\right)$, 0.56
⓯ $\frac{68}{100}\left(=\frac{17}{25}\right)$, 0.68
⓰ $\frac{90}{100}\left(=\frac{9}{10}\right)$, 0.9
⓱ $\frac{95}{100}\left(=\frac{19}{20}\right)$, 0.95
⓲ $\frac{118}{100}\left(=\frac{59}{50}=1\frac{9}{50}\right)$, 1.18

128쪽

129쪽

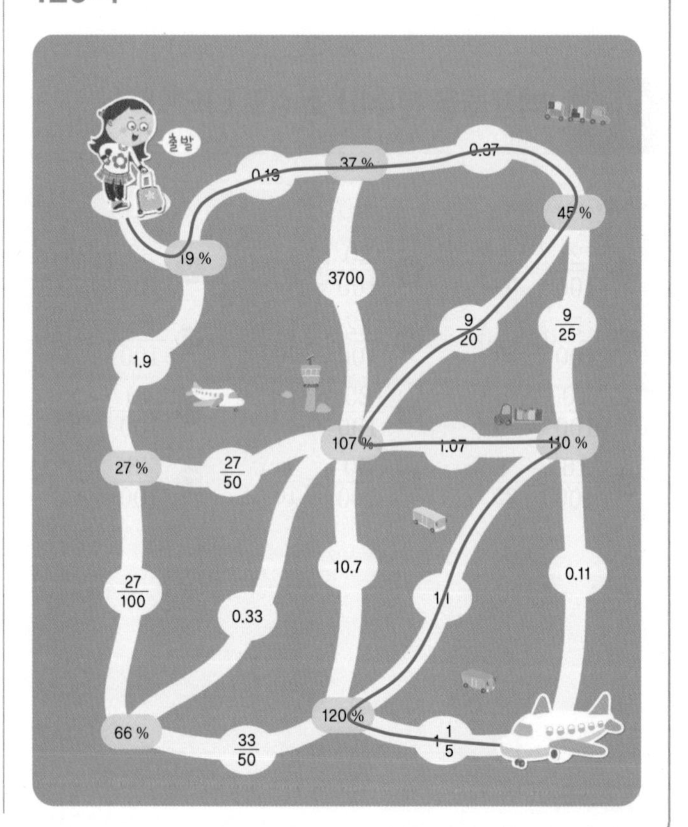

31 비와 비율 평가

130쪽

❶ 7 : 5
❷ 9 : 8
❸ 10 : 13
❹ 11 : 15
❺ 12 : 5
❻ $\frac{4}{15}$
❼ $\frac{7}{21}\left(=\frac{1}{3}\right)$
❽ $\frac{13}{15}$
❾ 0.5
❿ 0.72

131쪽

⓫ 17 %
⓬ 39 %
⓭ 109 %
⓮ 92 %
⓯ 34 %
⓰ $\frac{18}{100}\left(=\frac{9}{50}\right)$
⓱ $\frac{54}{100}\left(=\frac{27}{50}\right)$
⓲ $\frac{125}{100}\left(=\frac{5}{4}=1\frac{1}{4}\right)$
⓳ 0.37
⓴ 1.49

32 1 m^3와 1 cm^3의 관계

134쪽

❶ 2000000
❷ 9000000
❸ 13000000
❹ 17000000
❺ 20000000
❻ 24000000
❼ 31000000
❽ 36000000

135쪽

❾ 37000000
❿ 40000000
⓫ 42000000
⓬ 45000000
⓭ 49000000
⓮ 51000000
⓯ 53000000
⓰ 400000
⓱ 1200000
⓲ 1500000
⓳ 2300000
⓴ 2600000
㉑ 3800000
㉒ 4100000

136쪽

㉓ 3
㉔ 7
㉕ 10
㉖ 14
㉗ 19
㉘ 21
㉙ 22
㉚ 26
㉛ 30
㉜ 35
㉝ 39
㉞ 43
㉟ 48
㊱ 50

137쪽

㊲ 54
㊳ 56
㊴ 59
㊵ 60
㊶ 62
㊷ 68
㊸ 71
㊹ 0.6
㊺ 1.1
㊻ 1.5
㊼ 2.3
㊽ 3.2
㊾ 3.4
㊿ 4.7

33 직육면체의 부피

138쪽

❶ 30 cm^3
❷ 105 cm^3
❸ 126 cm^3
❹ 60 cm^3
❺ 120 cm^3
❻ 175 cm^3

139쪽

❼ 48 cm^3
❽ 108 cm^3
❾ 162 cm^3
❿ 216 cm^3
⓫ 300 cm^3
⓬ 96 cm^3
⓭ 144 cm^3
⓮ 216 cm^3
⓯ 250 cm^3
⓰ 308 cm^3

140쪽

⓱ 84 cm^3
⓲ 140 cm^3
⓳ 189 cm^3
⓴ 240 cm^3
㉑ 320 cm^3
㉒ 100 cm^3
㉓ 192 cm^3
㉔ 210 cm^3
㉕ 225 cm^3
㉖ 330 cm^3

141쪽

㉗ 84 m^3
㉘ 120 m^3
㉙ 224 m^3
㉚ 240 m^3
㉛ 90 m^3
㉜ 135 m^3
㉝ 140 m^3
㉞ 270 m^3

34 정육면체의 부피

142쪽

❶ $8\ cm^3$
❷ $1000\ cm^3$
❸ $19683\ cm^3$
❹ $64\ cm^3$
❺ $1728\ cm^3$
❻ $27000\ cm^3$

143쪽

❼ $125\ cm^3$
❽ $2197\ cm^3$
❾ $6859\ cm^3$
❿ $15625\ cm^3$
⓫ $35937\ cm^3$
⓬ $216\ cm^3$
⓭ $3375\ cm^3$
⓮ $8000\ cm^3$
⓯ $21952\ cm^3$
⓰ $46656\ cm^3$

144쪽

⑰ $512\ cm^3$
⑱ $4096\ cm^3$
⑲ $9261\ cm^3$
⑳ $32768\ cm^3$
㉑ $64000\ cm^3$
㉒ $1331\ cm^3$
㉓ $4913\ cm^3$
㉔ $12167\ cm^3$
㉕ $42875\ cm^3$
㉖ $85184\ cm^3$

145쪽

㉗ $27\ m^3$
㉘ $343\ m^3$
㉙ $2744\ m^3$
㉚ $8000\ m^3$
㉛ $125\ m^3$
㉜ $729\ m^3$
㉝ $5832\ m^3$
㉞ $10648\ m^3$

35 계산 Plus+ 직육면체와 정육면체의 부피

146쪽

❶ 80, 180
❷ 216, 252
❸ 264, 270
❹ 315, 336
❺ 72, 120
❻ 144, 168
❼ 180, 378
❽ 385, 400

147쪽

❾ $8\ cm^3$, $27\ cm^3$
❿ $216\ cm^3$, $729\ cm^3$
⓫ $1000\ cm^3$, $2744\ cm^3$
⓬ $4913\ cm^3$, $6859\ cm^3$
⓭ $64\ m^3$, $343\ m^3$
⓮ $512\ m^3$, $1331\ m^3$
⓯ $2197\ m^3$, $3375\ m^3$
⓰ $4096\ m^3$, $9261\ m^3$

148쪽

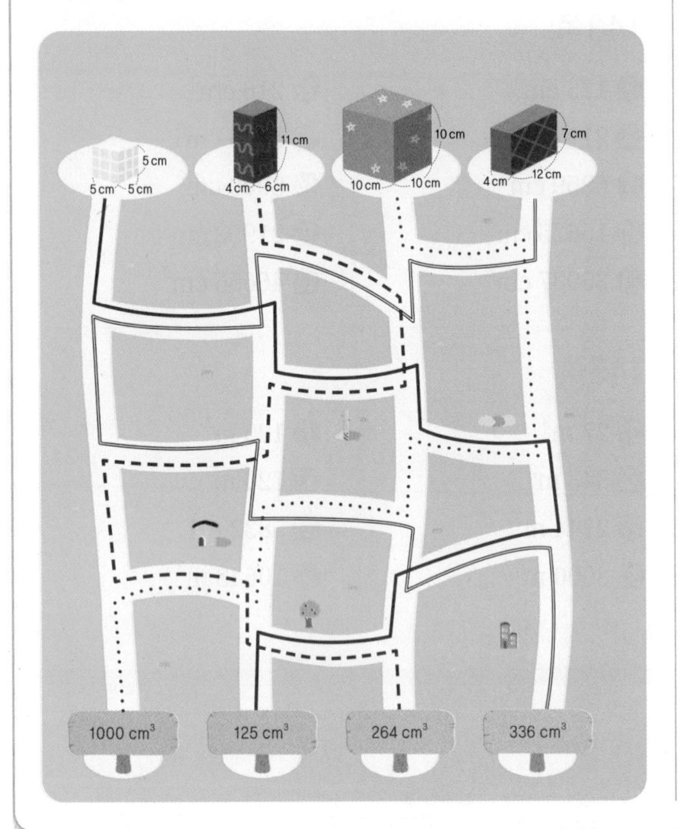

149쪽

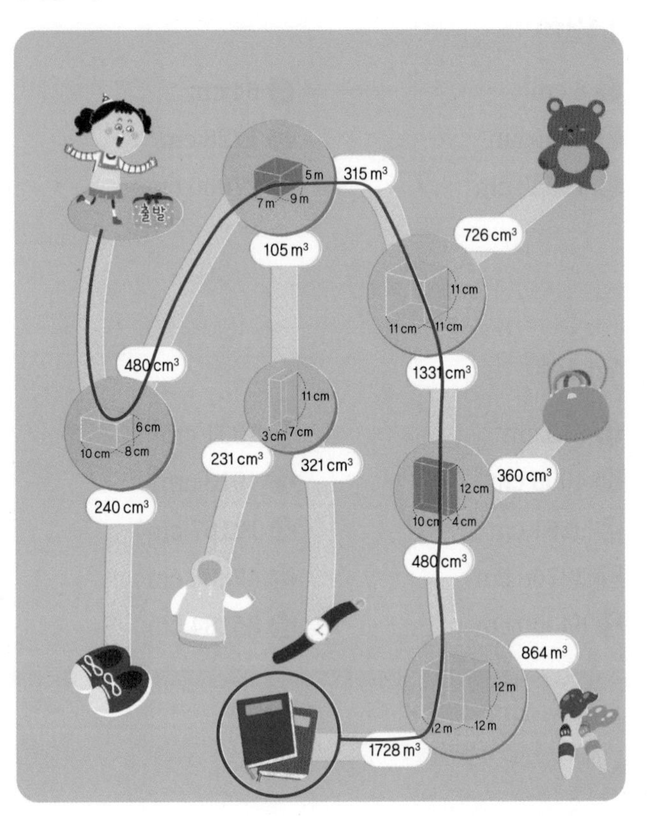

36 직육면체의 부피 평가

150쪽

❶ 4000000
❷ 30000000
❸ 5
❹ 20
❺ 3.5
❻ 126 cm^3
❼ 160 cm^3
❽ 162 cm^3
❾ 220 cm^3
❿ 288 cm^3

151쪽

⓫ 27 cm^3
⓬ 729 cm^3
⓭ 2744 cm^3
⓮ 13824 cm^3
⓯ 29791 cm^3
⓰ 168 m^3
⓱ 192 m^3
⓲ 280 m^3
⓳ 216 m^3
⓴ 4913 m^3

37 직육면체의 겉넓이

154쪽

❶ 72 cm^2
❷ 168 cm^2
❸ 268 cm^2
❹ 94 cm^2
❺ 254 cm^2
❻ 304 cm^2

155쪽

❼ 142 cm^2
❽ 202 cm^2
❾ 278 cm^2
❿ 314 cm^2
⓫ 378 cm^2
⓬ 190 cm^2
⓭ 214 cm^2
⓮ 298 cm^2
⓯ 320 cm^2
⓰ 398 cm^2

156쪽

⓱ 174 cm^2
⓲ 262 cm^2
⓳ 310 cm^2
⓴ 346 cm^2
㉑ 378 cm^2
㉒ 188 cm^2
㉓ 288 cm^2
㉔ 332 cm^2
㉕ 340 cm^2
㉖ 358 cm^2

157쪽

㉗ 80 cm^2
㉘ 136 cm^2
㉙ 148 cm^2
㉚ 190 cm^2
㉛ 126 cm^2
㉜ 162 cm^2
㉝ 184 cm^2
㉞ 228 cm^2

38 정육면체의 겉넓이

158쪽

❶ 24 cm^2
❷ 600 cm^2
❸ 4704 cm^2
❹ 54 cm^2
❺ 726 cm^2
❻ 5400 cm^2

159쪽

❼ 150 cm^2
❽ 864 cm^2
❾ 1944 cm^2
❿ 3174 cm^2
⓫ 5046 cm^2
⓬ 384 cm^2
⓭ 1014 cm^2
⓮ 2400 cm^2
⓯ 3750 cm^2
⓰ 6534 cm^2

160쪽

⓱ 216 cm^2
⓲ 1350 cm^2
⓳ 2166 cm^2
⓴ 3456 cm^2
㉑ 6936 cm^2
㉒ 486 cm^2
㉓ 1536 cm^2
㉔ 2646 cm^2
㉕ 4374 cm^2
㉖ 7776 cm^2

161쪽

㉗ 24 cm^2
㉘ 294 cm^2
㉙ 1176 cm^2
㉚ 4056 cm^2
㉛ 96 cm^2
㉜ 486 cm^2
㉝ 1734 cm^2
㉞ 5766 cm^2

39 계산 Plus+ 직육면체와 정육면체의 겉넓이

162쪽

❶ 102, 108
❷ 112, 126
❸ 126, 158
❹ 168, 202
❺ 208, 220
❻ 236, 254
❼ 306, 310
❽ 318, 334

163쪽

❾ $24\ cm^2$, $96\ cm^2$
❿ $150\ cm^2$, $294\ cm^2$
⓫ $600\ cm^2$, $864\ cm^2$
⓬ $1176\ cm^2$, $1350\ cm^2$
⓭ $1734\ cm^2$, $1944\ cm^2$
⓮ $2400\ cm^2$, $2904\ cm^2$
⓯ $3174\ cm^2$, $3750\ cm^2$
⓰ $4374\ cm^2$, $6144\ cm^2$

164쪽

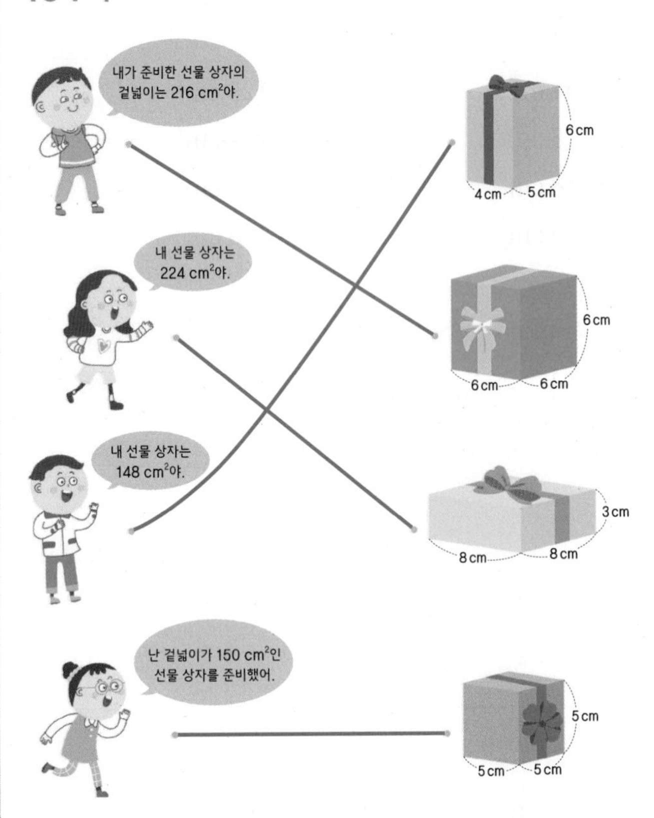

165쪽

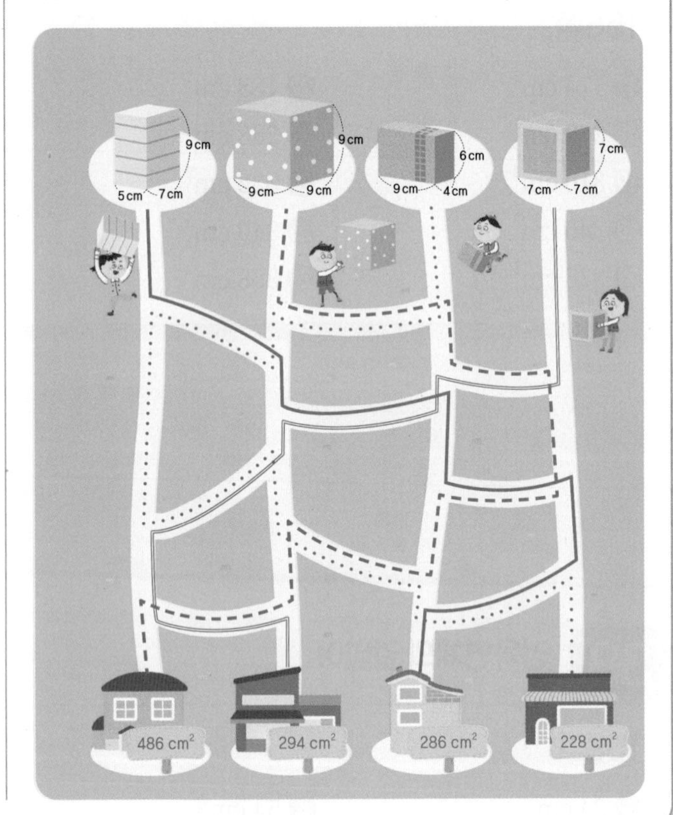

40 직육면체의 겉넓이 평가

166쪽

❶ $136\ cm^2$
❷ $162\ cm^2$
❸ $230\ cm^2$
❹ $248\ cm^2$
❺ $280\ cm^2$
❻ $112\ cm^2$
❼ $180\ cm^2$
❽ $258\ cm^2$
❾ $262\ cm^2$
❿ $342\ cm^2$

167쪽

⓫ $96\ cm^2$
⓬ $294\ cm^2$
⓭ $1176\ cm^2$
⓮ $4056\ cm^2$
⓯ $7350\ cm^2$
⓰ $262\ cm^2$
⓱ $276\ cm^2$
⓲ $318\ cm^2$
⓳ $384\ cm^2$
⓴ $726\ cm^2$

실력 평가 1회

170쪽

❶ $\frac{4}{13}$

❷ $\frac{4}{9}$

❸ $\frac{2}{21}$

❹ $\frac{4}{11}$

❺ $\frac{9}{16}$

❻ $\frac{15}{32}$

❼ $\frac{9}{20}$

❽ 20.2

❾ 2.9

❿ 0.36

⓫ 0.86

⓬ 1.74

⓭ 2.06

⓮ 3.4

171쪽

⓯ $\frac{4}{5}$

⓰ $\frac{2}{10}\left(=\frac{1}{5}\right)$

⓱ 42 %

⓲ 70 %

⓳ 0.15

⓴ 0.36

㉑ $162\ cm^3$

㉒ $240\ cm^3$

㉓ $158\ cm^2$

㉔ $228\ cm^2$

㉕ $230\ cm^2$

실력 평가 2회

172쪽 ❶계산 결과를 대분수로 나타내지 않아도 정답으로 인정합니다.

❶ $1\frac{2}{17}$

❷ $\frac{3}{13}$

❸ $\frac{5}{48}$

❹ $\frac{5}{14}$

❺ $\frac{8}{39}$

❻ $\frac{4}{9}$

❼ $1\frac{1}{15}$

❽ 12.2

❾ 4.52

❿ 0.67

⓫ 1.55

⓬ 3.12

⓭ 2.09

⓮ 5.75

173쪽

⓯ 0.9

⓰ 0.8

⓱ 56 %

⓲ 75 %

⓳ $\frac{60}{100}\left(=\frac{3}{5}\right)$

⓴ $\frac{94}{100}\left(=\frac{47}{50}\right)$

㉑ $512\ cm^3$

㉒ $3375\ cm^3$

㉓ $96\ cm^2$

㉔ $726\ cm^2$

㉕ $1944\ cm^2$

실력 평가 3회

174쪽

❗ 계산 결과를 대분수로 나타내지 않아도 정답으로 인정합니다.

❶ $1\frac{9}{11}$

❷ $\frac{3}{14}$

❸ $\frac{3}{26}$

❹ $\frac{4}{15}$

❺ $\frac{5}{22}$

❻ $\frac{7}{8}$

❼ $\frac{2}{27}$

❽ 40.1

❾ 7.42

❿ 0.89

⓫ 4.45

⓬ 6.04

⓭ 7.05

⓮ 4.75

175쪽

⓯ 0.875

⓰ 1.2

⓱ 90 %

⓲ 120 %

⓳ $\frac{84}{100}\left(=\frac{21}{25}\right)$

⓴ $\frac{120}{100}\left(=\frac{6}{5}=1\frac{1}{5}\right)$

㉑ 4913 m^3

㉒ 13824 m^3

㉓ 262 cm^2

㉔ 312 cm^2

㉕ 510 cm^2

memo

완자·공부력·시리즈 매일 4쪽으로 스스로 공부하는 힘을 기릅니다.

대표전화 1544-0554
주소 서울특별시 구로구 디지털로33길 48 대륭포스트타워 7차 20층